21世纪普通高等院校系列教材

ASP.NET Web应用系统开发（C#）

主　编　彭芳策

副主编　郭喜跃

西南财经大学出版社

中国·成都

图书在版编目(CIP)数据

ASP.NET Web 应用系统开发:C#/彭芳策主编 . —成都:西南财经大学出版社,2020. 8

ISBN 978-7-5504-4431-7

Ⅰ.①A… Ⅱ.①彭… Ⅲ.①网页制作工具—程序设计—教材

Ⅳ.①TP393.092.2

中国版本图书馆 CIP 数据核字(2020)第 102578 号

ASP.NET Web 应用系统开发(C#)

ASP.NET Web YINGYONG XITONG KAIFA(C#)

主　编　彭芳策

副主编　郭喜跃

责任编辑:李特军

封面设计:杨红鹰　张姗姗

责任印制:朱曼丽

出版发行	西南财经大学出版社(四川省成都市光华村街 55 号)
网　　址	http://www.bookcj.com
电子邮件	bookcj@ foxmail.com
邮政编码	610074
电　　话	028-87353785
照　　排	四川胜翔数码印务设计有限公司
印　　刷	郫县犀浦印刷厂
成品尺寸	185mm×260mm
印　　张	13
字　　数	282 千字
版　　次	2020 年 8 月第 1 版
印　　次	2020 年 8 月第 1 次印刷
印　　数	1— 1000 册
书　　号	ISBN 978-7-5504-4431-7
定　　价	35.00 元

▶▶ 前 言

  ASP. NET 是 Microsoft 公司推出的新一代建立动态 Web 应用程序的开发平台,自 21 世纪初至今,已在全世界普及推广,是目前主流的网络编程工具之一。

  本书共八章,提供了前端 、C#基础、控件使用、数据库基础、小型系统开发示例、后端和 Js 的综合应用示例等各类知识。

  本书内容通俗易懂,以由浅入深的方式,向读者介绍相关知识点,是一本较好的 ASP. NET 前后端开发的入门书籍。在讲解相关知识点时,本书设计了许多相关典型示例,做到了"一个知识点至少有一个示例和一个综合应用",通过实例讲解分析,详尽讲述了实际开发中所需的各类知识。利用本书,教师可以得心应手地教学,学生也可以轻松地自学。

  本书第一章由郭喜跃编写、其他章节由彭芳策编写。在编写本书的过程中,我们以科学、严谨的态度,力求精益求精,但错误、疏漏之处在所难免,敬请广大读者批评指正。

编者

2020 年 3 月

目 录

1 | Web 前端设计

1.1 Web 前端概述

在计算机科学的发展过程中，推动相关应用技术迅猛发展的一个根本原因是人们对快速高效地实现资源共享的需求。早期，人们利用计算机网络进行资源共享的方式主要是依靠开发基于 C/S（Client/Server，客户端/服务器端）模式的软件系统来实现，这种模式需要分别为用户端主机和服务器开发两套应用程序，运行维护的成本较高。近年来，越来越多的应用通过网页提供给用户，用户端只需要一款浏览器软件即可，不需要为用户主机开发专用的软件，服务的提供方只专注于服务器端程序的设计，这就是 B/S 模式（Browser/Server，浏览器端/服务器端）。B/S 模式目前已经成为主流的资源共享方式。

基于 HTTP 协议运行的 WWW（World Wide Web，万维网）服务是 B/S 模式的底层支撑，WWW 简称为 Web，亦指我们通常所说的网页。Web 的运行包括两部分：前端与后端。通俗地讲，Web 前端是指用户在浏览器中能够直观看到的某一网页的界面，它的作用是除了向用户呈现合理、美观的网页内容外，还提供用户与网站服务器端进行交互的功能，如点击按钮、链接等。Web 后端即网站的服务器端，在收到用户通过前端发送来的访问请求后，服务器端会自动调用和执行相关程序，如进行数学运算、操作数据库等，并将程序执行结果返回给 Web 前端。通过上述介绍可以看出，Web 前端负责提供良好的用户体验，Web 后端则重点负责网站业务逻辑的实现和数据的调度。

需要指出的是，随着普通 PC 和笔记本电脑性能的快速提升，现在越来越多的 Web 应用将业务逻辑的处理也交由客户端浏览器实施，服务器端仅提供必要的用户身份认证、数据调度等功能，大大减轻了服务器端的负担，提升了网站的访问效率。

Web 前端设计是指网站界面的设计，主要通过 HTML、CSS 和 JavaScript 三种技术实现。其中 HTML 负责提供网页的结构与内容，CSS 负责对内容进行修饰，JavaScript 负责提供适当的动画效果、用户网站交互功能等，这三者各司其职、相互配合，共同支撑 Web 前端的正常运行。

早期的 Web 页面基本上是纯 HTML 静态网页，仅提供广播式的信息发布，被称为 Web1.0 时代，其特点是数据流量大；到了 2010 年前后，随着 Web2.0 技术的发展，Web 页面的内容与功能日趋丰富，其特点是互动性较强；目前，Web3.0 的概念已经出现，它的本质特征是多种数据被整合利用，页面的智能性高。

Web 前端开发是一个发展活跃的领域，围绕页面效率的提升和功能的丰富，新的开发技术不断涌现，开发模式层出不穷。2006 年出现的 jQuery 框架大大提升了 JavaScript 语言的开发效率，其影响一直延续到现在；2009 年诞生的 Angular.js 技术首次提出前端的 MVC 模式（Model - View - Controller），将网页内容呈现与业务逻辑的处理分开，提升了开发、调试、运行等的效率；2013 年 React.js 框架出现，它利用组件化的开发思想，提高了代码的复用性，而且拥有较高的执行性能；2014 年，一款轻量级的渐进式前端框架 Vue.js 正式发布，它只关注视图层，学习门槛低，且在很大程度上综合利用了 Angular.js 和 React.js 的优点，因而受到较多关注。从上述发展过程我们不难看出，Web 前端开发技术的变化基本上都围绕 JavaScript 语言展开，因此 JavaScript 语言在 Web 前端领域中有着越来越重要的地位。

1.2　HTML5

HTML（Hyper Text Markup Language，超文本标记语言）是一种专门用于定义网页结构与内容的编程语言。"超文本"是指页面内容除了普通文本以外，还包括链接、图片、音频、视频、应用程序等非文字元素。其包含 HTML 语言内容、扩展名为 .html 或 htm 的文件即为一个网页（Webpage），因而网页的本质就是 HTML。

第一个正式的 HTML 语言标准于 1993 年发布，经过二十多年的发展，目前最新的标准是 HTML5，且已经获得主流浏览器的支持。

1.2.1　HTML 语言的语法规则

HTML 的语法规则较为简单，它采用"标签"方式描述网页的结构与内容，因此又被称为标签语言。整体上，HTML 标签分为两大类：一是成对出现的容器标签；二是单个出现的单标签（有时又被称为空标签）。标签中还可通过设置标签属性来进一步刻画标签的内容或外观。它们的语法规则如下：

容器标签：

<标签名 属性名="属性值" 属性名="属性值" … >内容…</标签名>

单标签：

<标签名 属性名="属性值" 属性名="属性值" … / >

通常，HTML 的标签名和属性名是固定的英文字母，但是也允许开发人员根据实际需要自定义标签名和属性名。标签名和属性名不区分大小写。

1.2.2 网页的基本结构

任何一个网页，其完整的 HTML 结构如下：

```
<html>
    <head>        </head>
    <body>        </body>
</html>
```

其中<html>标签的作用是告知浏览器其自身是一个 HTML 文档，浏览器会根据 HTML 的规范来解析文档内容并呈现到页面中。<html>标签有<head>和<body>两个子标签，<head>标签用于定义文档的头部，它是所有头部元素的容器，还可以引用脚本文件（通常指 JavaScript）和样式表（CSS）、提供元信息等；<body>标签用于定义文档的主体内容，用户在浏览器中看到的网页内容绝大部分都来自<body>标签。

网页的上述基本结构并非必需，在缺失某些标签的情况下，用户仍可能正常看到网页内容，但是这样存在诸多风险，最常见的是非英文文本的乱码。因此，开发人员应严格按照上述结构创建网页。

我们用浏览器通过"查看源代码"（或"查看源"）可以查看任意网页的 HTML 结构，见图 1.1。

```
1  <!DOCTYPE html PUBLIC "-//W3C//DTD XHTML 1.0 Transitional//EN" "http://www.
   transitional.dtd">
2  <html xmlns="http://www.w3.org/1999/xhtml">
3  <head>
4  <meta http-equiv="Content-Type" content="text/html; charset=utf-8" />
5  <title>兴义民族师范学院</title>
6  <link href="css/newmain.css" rel="stylesheet" type="text/css" />
7  <link href="css/smallslider.css" type="text/css" rel="stylesheet" />
8
9  <script type="text/javascript" src="js/jquery-1.4.4.min.js"></script>
10 <script type="text/javascript" src="js/jquery.corner.js"></script>
11 <script type="text/javascript" src="js/jquery.smallslider.js"></script>
12 <script src="myadjs/myad.js"></script>
13
14 <script type="text/javascript">
15 $(function(){
16 /*
17  displayad({
18     top: '200px',
19     link: 'myadjs/t.html',
20     pic: {
21        left: ['myadjs/cimg/01.jpg', 'myadjs/cimg/02.jpg', 'myadjs/cimg/03.
22        right: ['myadjs/cimg/05.jpg', 'myadjs/cimg/06.jpg', 'myadjs/cimg/07
   'myadjs/cimg/09.jpg']
```

图 1.1 兴义民族师范学院网站首页源代码（局部）

1.2.3 常用的 HTML5 标签

标准的 HTML5 语言共有 120 个标签，但是常用的标签只有 30 多个。为了便于读者理解并熟记这些标签的名称，我们根据标签名的来源方式的不同，将常用的 HTML 标签分为以下三类。

（1）标签名本身就是一个完整的英文单词，见表 1.1。

表 1.1　HTML5 标签

标签名	含义与来源	标签名	含义与来源
<article>	定义文章	<option>	定义选择列表中的选项
<audio>	定义声音内容	<meta>	定义关于 HTML 文档的元信息
<body>	定义文档的主体	<script>	定义客户端脚本
<button>	定义按钮	<select>	定义选择列表与下拉列表
<form>	定义供用户输入的 HTML 表单	<style>	定义文档的样式信息
<head>	定义关于文档的信息	<table>	定义表格
<input>	定义输入控件	<title>	定义浏览器标题栏内容
<label>	定义 input 元素的标签	<video>	定义视频
<link>	定义文档与外部资源的关系		

（2）标签名为一个英文单词中的部分字母，见表 1.2。

表 1.2　HTML5 标签

标签名	含义与来源	标签名	含义与来源
<b>	定义粗体字，来自 Bold	<nav>	定义导航链接，来自 Navigator
<div>	定义文档中的节，来自 Division	<p>	定义段落，来自 Paragraph
<hr>	定义水平线，来自 Horizontal	<sub>	定义下标文本，来自 Subscript
<img>	定义图像，来自 Image	<sup>	定义上标文本，来自 Superscript
<li>	定义列表的项目，来自 List		

（3）标签名由多个英文单词中的字母组成，见表 1.3。

表 1.3　HTML5 标签

标签名	含义与来源	标签名	含义与来源
 	强制换行，来自 Break Row	<tbody>	定义表格中的主体内容，来自 Table Body
<html>	定义 HTML 文档，来自 Hyper Text Markup Language	<th>	定义表格中的表头单元格，来自 Table Head
<ol>	定义有序列表，来自 Ordered List	<thead>	定义表格中的表头内容，来自 Table Head

标签名	含义与来源	标签名	含义与来源
\<tr\>	定义表格中行，来自 Table Row	\<ul\>	定义无序列表，来自 Unordered List
\<td\>	定义表格中的单元格，来自 Table Data		

完整的 HTML5 标签介绍请参考：HTML 参考手册 http：//www.w3school.com.cn/tags/index.asp。需要注意的是，IE8 及更早版本的浏览器不支持 HTML5。

1.2.4 常用的 HTML5 属性

如前所述，HTML 属性的作用是进一步刻画标签的内容或外观。HTML 属性较多，整体上 HTML 属性可分为公有属性和私有属性两大类：公有属性是指任何 HTML 标签均可设置的属性；私有属性是指仅某个（些）HTML 标签才可设置的属性。下面分别列出 HTML 常用的公有属性（见表1.4）和常用的私有属性（见表1.5）。

表 1.4 常用的公有属性

属性名	作用与可选值	属性名	作用与可选值
Class	规定标签的一个或多个类名。自定义值	Id	规定标签的唯一 id。自定义值
Style	规定标签的行内 CSS 样式。符合 CSS 样式语法的自定义值（推荐用 CSS 实现）	Title	规定鼠标在该标签上悬停时的提示信息。自定义值
Height	设置标签的高度。自定义值（推荐用 CSS 实现）	Width	设置标签的宽度。自定义值（推荐用 CSS 实现）
Onclick	定义鼠标单击该标签时的事件。符合 JavaScript 语法的自定义值	Ondbclick	定义鼠标双击该标签时的事件。符合 JavaScript 语法的自定义值

表 1.5 常用的私有属性

属性名	作用与可选值	属性名	作用与可选值
href	连接、链接标签的外部资源地址。自定义值	Placeholder	用于可输入值的 input 标签，设置输入前显示的提示信息。自定义值

属性名	作用与可选值	属性名	作用与可选值
Value	Input 标签的选中值或输入值。 自定义值	Type	①Input 标签的类型值，可选值有： Text：文本框 Radio：单选按钮 Checkbox：筛选按钮 Hidden：隐藏的标签 Button：普通按钮 Submit：提交表单按钮 Reset：重置表单按钮 Password：密码文本框 File：浏览文件按钮 ②source 标签的外部资源类型值，可选值有： Video/mp4：引入 mp4 视频文件 Audio/mp3：引入 mp3 音频文件
Name	定义 input 标签的名称，常用于后端程序接收前端值。 自定义值		
Src	引入外部资源的地址，如多媒体文件、样式文件、脚本文件等。 自定义值		
required	规定 input 标签为必填（必选）字段。 可选值： Required：必选 （不添加该属性意味着非必填）		
Checked	规定单选、复选按钮是否被选中。 可选值： checked：选中 （不添加该属性意味着未被选中）	selected	规定下拉菜单、列表中的某一项是否被选中。 可选值： selected：选中 （不添加该属性意味着未被选中）

1.3　CSS3

CSS（Cascading Style Sheet，层叠样式表或级联样式表）是一种专门用于控制网页内容的样式和布局的语言，目前最新的标准是 CSS3。当前，采用 CSS+DIV 实现网页布局已经成为主流方式，因此 Web 前端开发人员掌握 CSS3 技术是十分必要的。

1.3.1　盒子模型

理解盒子模型是了解 CSS 工作方式的基础，尤其是在做内容布局时，盒子模型将起到十分重要的作用。盒子模型认为，任何一个视觉可见的 html 元素都包括内容（content）、内边距（padding）、边框（border）和外边距（margin）。其中内边距是指内容到边框的距离，外边距是指边框以外与其他相邻元素的距离。这种结构就好像我们在观察一组装有物品的盒子：内容是指盒子内放置的物品，内边距是指物品与盒子外壳之间的距离，边框是指盒子外壳的厚度，外边距是盒子外壳以外的空间。因此，这种结构被形象地称为盒子模型，如图 1.2 所示。

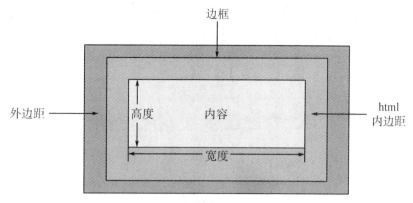

图 1.2　盒子模型示意图

　　需要注意的是，内边距、边框和外边距可以被分别设置上、下、左、右四个方向的值；我们在计算标签的实际占位宽度或高度时，需要将内容、内边距、边框、外边距在垂直或水平方向的值进行累加，而对于两个相邻标签之间在水平方向上的实际间隔距离，不同浏览器有不同的解释，开发人员在做内容布局时一定要注意这一点。

1.3.2　CSS 的基本语法

　　CSS 的基本语法结构为：

选择器｛

　　样式名：样式值；

　　样式名：样式值；

　　…

｝

　　根据 CSS 代码的位置不同，CSS 样式可以分为三类：行内样式、内部样式和外部样式。

　　行内样式是指在\<html\>标签中通过使用\<style\>属性来设置样式内容，样式内容仅能修饰所在的\<html\>标签。如：

\<p style＝"font-size：14px；color：red；"\>\</p\>

　　内部样式是把 CSS 代码放在\<head\>标签下的\<style\>标签中，代码的有效作用范围是整个页面。如：

\<head\>

　　\<style\>

　　　　p｛

　　　　　　font-size：14px；

　　　　　　color：red；

　　　　｝

　　\</style\>

\</head\>

　　外部样式是指将 CSS 代码放在一个独立的、扩展名为 .css 的文件中，任意一个

html 文档均可调用该文件，从而使用其中的样式。从提高代码利用率的角度看，我们推荐使用外部样式。如：

myStyle. css 文件：

```
p {
    font-size: 14px;
    color: red;
}
```

在 index. html 文件中调用上述样式文件：

```
<head>
    <link rel="stylesheet" href="myStyle. css">
</head>
```

1.3.3　样式选择器

在内部样式和外部样式中，样式选择器非常重要，它将直接决定着样式代码能够修饰哪些标签。基本的样式选择器包括 ID 样式选择器、类样式选择器、标签样式选择器和伪类选择器。

ID 样式选择器的写法是"#某个标签的 id 属性值"，其样式内容仅可修饰有对应 id 值的标签，如：

```
#stuName {
    font-size: 14px;
    color: red;
}
```

`<p id="stuName">我的字是红色 14 像素。</p>`

类样式选择器的写法是". 某些 html 标签的 class 属性值"，类样式能够同时修饰多个标签。如：

```
. redFont {
    font-size: 14px;
    color: red;
}
```

`<p class="redFont">我的字是红色 14 像素。</p>`
`<div class="redFont">我的字是红色 14 像素。</div>`

标签样式选择器的写法是"合法的 html 标签名"，标签样式可以同时修饰有效作用范围内的所有标签。如：

```
div {
    font-size: 14px;
    color: red;
}
```

`<div>我的字是红色 14 像素。</div>`
`<div>我的字是红色 14 像素。</div>`

伪类选择器样式用于标签在不同状态下的样式，其写法是在上述三种样式选择器后加"：状态"。其典型应用是修饰一个文字链接在鼠标未经过和鼠标悬停时显示不同的样式，如：

```
.redLink {
    font-size：14px；
    color：black；
    text-decoration：none；
}
.redLink：hover {
    font-size：14px；
color：red；
    text-decoration：underline；
}
```

```
<a class="redLink" href="http：//www.xynun.edu.cn">兴义民族师范学院</a>
```

我们可以发现，"兴义民族师范学院"文字原本是黑色、无下划线的，鼠标光标经过它时变为红色加下划线。

我们将上述四种基本选择器进行组合，可以得到更为复杂的选择器。如：

```
<style>
#nav li .linkStyle {
    font-size：14px；
    color：black；
    text-decoration：none；
}
#nav li .linkStyle：hover {
    font-size：14px；
    color：red；
    text-decoration：underline；
}
</style>
<ul id="nav">
    <li><a class="linkStyle">首 页</a></li>
    <li><a class="linkStyle">简 介</a></li>
<ul/>
```

上述代码中，第一个样式选择器"#nav li .linkStyle"的含义是，在 id 属性值为 nav 的标签中找到所有后代标签 li（可以是直接后代，也可以是间接后代），再从每个 li 标签中找到所有 class 属性值为 linkStyle 的后代标签，这才是最终的修饰对象。

除此之外，我们还可以将标签的其他属性值写入选择器中。如：

```
input［type="text"］{
```

```
        font-size：14px；
        color：red；
}
<input type="text" />
<input type="text" />
```

当用户在上述两个文本框中输入内容时，文字为红色、14 像素。

1.3.4　常用的 CSS3 样式名

如果说选择器用于确定要修饰的对象，那么样式名和样式值则决定着如何来修饰。完整的 CSS 样式名规模很大，但是常用的不多，可以分为文字修饰类、段落文本修饰类、背景类、表格类、定位类和弹性伸缩布局类等，下面逐一介绍。

（1）常用的文字修饰类样式名，见表 1.6。

表 1.6　常用的文字修饰类样式名

样式名	作用与可选值	样式名	作用与可选值
Font-family	设置字体类型。中文字体名需加引号	Font-weight	设置加粗程度。值范围为 100 - 900，小值趋细，大值超粗。400 为正常粗细，700 为普通加粗
Font-size	设置字号。值的写法见 1.3.6 节		
缩写方法： 语法：font：font-style 值、font-weight 值、font-size 值、font-family 值 如：font：italic bold 16px Arial；　　//斜体 加粗 16 像素 Arial 字体			

（2）常用的段落文本修饰类样式名，见表 1.7。

表 1.7　常用的段落文本修饰类样式名

样式名	作用与可选值	样式名	作用与可选值
Text-indent	设置首行缩进值。对于中文通常是 font-size 值的 2 倍	Color	设置颜色。值的写法见 1.3.7 节
text-align	设置文本水平对齐方式。 可选值： Left：左对齐，right：右对齐，center：居中对齐，justify：两端对齐	Line-height	设置行高。值的写法见 1.3.6 节
word-spacing	词间距，对中文无效	letter-spacing	字符间距，每一个汉字相当于一个英文字母
text-decoration	设置在什么位置出现条线。 可选值： Underline：下划线 overline：上划线 line-through：相当于删除线		

（3）常用的背景类样式名，见表1.8。

表1.8　常用的背景类样式名

样式名	作用与可选值	样式名	作用与可选值
background-color	设置纯色背景。值的写法见1.3.7节	background-image	设置背景图片，通过 url 函数指定图片资源
background-repeat	当图片尺寸小于元素尺寸时，图片的重复方式，可选值： repeat：水平、垂直都重复显示； repeat-x：仅水平方向重复； repeat-y：仅垂直方向重复； no-repeat：重复	background-size	设置背景图片大小，可选值： cover：图片拉伸，铺满元素，图片可能会变形； 宽度值/高度值：指定宽高，如果都为100%则会不变形地拉伸，直到宽度或高度与元素的宽度或高度相同
background-position	设置背景图片位置，需要依次设置垂直方向和水平方向的位置，水平方向可选值：left center right； 垂直方向可选值：top center bottom； center center：垂直居中水平居中； top left：垂直居顶 水平居左； bottom right：垂直居底 水平居右	background：linear-gradient（）函数	设置渐变背景。 参数可有多个，但至少有三个。第一个参数指示渐变方向，第二个参数表示起始颜色，第三个参数表示紧接着的颜色，……。 第一个参数有两种写法： to［left/right/top/bottom］ 以12点为0度的度数

缩写方法：
语法：background：background-color 值、background-image 值、background-repeat 值、background-attachment 值、background-position 值、background-size 值

（4）常用的表格类样式名，见表1.9。

表1.9　常用的表格类样式名

样式名	作用与可选值	样式名	作用与可选值
border	用于\<table\>标签，设置表格边框样式（缩写），顺序为：粗细、样式、颜色	border-collapse	用于\<table\>标签，设置表格边框是否合并。可选值： collapse：合并，细线表格 separate：分离
width	用于\<table\>、\<tr\>、\<td\>标签，设置标签宽度	height	用于\<table\>、\<tr\>、\<td\>标签，设置标签高度
vertical-align	用于\<td\>标签，设置文本垂直对齐方式		

（5）定位样式名 position。

默认情况下，有些标签会独立占行显示（称为块级标签），有些标签则不会独立占

行（称为行内标签），而是与左右相邻标签共在一行，如果需要打破这种默认布局则需要用到 CSS 中的 position 属性对标签进行重新定位。position 属性的作用是设置标签的定位类型，其可选值及作用如下：

static：默认值，普通流定位，浏览器会根据元素的默认属性，自上而下（或自左向右）依次显示元素。

relative：相对定位，元素相对于其原来默认位置偏移一定值，原来所占空间仍然存在。

absolute：绝对定位，元素完全从文档流中脱离，并相对于其父元素偏移一定值，原来所占空间将被删除。

fixed：固定定位，元素完全从文档流中脱离，并相对于浏览器窗口来定位。

需要注意的是，relative、absolute、fixed 这三种定位类型均需要配合 top/right/bottom/left 四个属性来设置具体偏移值。

（6）弹性伸缩布局类样式名，见表 1.10。

弹性伸缩布局是 CSS3 的新特性，能够极大降低页面复杂布局的实现难度。在弹性伸缩布局中，我们仅需要对父标签进行设置，不需要关注子标签。

表 1.10　弹性伸缩布局类样式名

样式名	作用与可选值	样式名	作用与可选值
display	将父标签的 display 属性值设置为 flex，浏览器就会将其视为弹性伸缩布局	flex-direction	设置弹性布局的伸缩方向。可选值： row：在水平方向上浮动排列 column：在垂直方向上浮动排列
justify-content	设置其子标签在父标签的主轴线上的对齐方式。可选值： flex-start：从左向右，剩余空间统一留在右边； center：居中，剩余空间平均分布在左右两边； space-between：平均分布，剩余空间平均分配在相邻两个子标签之间； space-around：平均分布，剩余空间平均分配在每个子元素的左右两边； flex-end：从右向左，剩余空间统一留在左边	flex-wrap	当父标签在一行内不能放下所有子标签而形成溢出时的处理方法。可选值： nowrap：默认，不换行，此时子标签的宽度会被压缩，直到铺满父标签的一行； wrap：换行，溢出的子标签显示在下一行

1.3.5　CSS3 中的颜色值写法

CSS3 仍然采用 RGB 三色原理调节每种颜色的浓度，从而取得目标颜色值，或者直接使用颜色对应的英文单词。CSS3 中共有四种颜色表示方法，分别为：

（1）#6 位十六进制代码：从左至右每两位值分别表示红、绿、蓝三种颜色的浓度，00 最淡，ff 最深；每种颜色的值均相同，则表示不同深浅的灰色。如：#ff0000 为红色；#ffff00 为黄色；#00ffff 为青色；#000000 为黑色；#ffffff 为白色等。

（2）rgb 函数：该函数有三个参数，从左至右依次红、绿、蓝三种颜色的浓度，0

最淡，255 最深；每种颜色的值均相同，则表示不同深浅的灰色。如 rgb（255，0，0）为红色；rgb（255，255，0）为黄色；rgb（0，255，255）为青色；rgb（0，0，0）为黑色；rgb（255，255，255）为白色等。

（3）rgba 函数：该函数有四个参数，前三个参数的意义与 rgb 相同，第四个参数表示透明度，值为 0~1 之间的小数，如 rgba（255，0，0，0.5）表示透明度为 0.5 的红色，实际上它呈现出来的已经不再是纯红色。

（4）英文单词：如 red、yellow、blue、green、white、black、pink、purple、brown 等。

1.3.6　CSS3 中的尺寸值写法

根据盒子模型的原理及上述知识我们不难发现，很多属性的值都为尺寸，如字号、高度、宽度、边框、内外边距、填充等。在 CSS3 中尺寸的写法有四种，分别为：

（1）px：像素，相对于用户屏幕的分辨率。

（2）em：相对长度，相对于当前对象内文本的字体尺寸。如当前对行内文本的字体尺寸未被人为设置，则相对于浏览器的默认字体尺寸（16px）。

（3）rem：相对长度，相对于根标签（<html>标签）中设置的字体大小来调整当前标签的某一尺寸属性值。如根标签设置 font-size：14px，则

1rem = 1×14 = 14px；

1.25rem = 1.25×14 = 17.5px；

（4）%：百分比，指相对于父标签某一尺寸值的比例。

在实际应用中，rem 单位值的写法在显示效果上更佳，推荐使用。

1.4　JavaScript

1.4.1　JavaScript 概述

JavaScript 是目前在 Web 前端开发领域十分流行且十分重要的一种脚本语言，其功能强大，用途广泛，可以响应浏览器事件、操作 HTML 元素、制作炫酷特效、验证用户数据、与服务器进行交互甚至进行服务器端编程等。虽然 JavaScript 语言的学习门槛较低，但限于篇幅，本书仅介绍一些 JavaScript 的基础知识。

要想在页面中使用 JavaScript 脚本，必须要有<script>标签，而具体的程序代码既可以在此标签中，也可以来自外部的 .js 文件。像 .css 文件一样，我们也推荐将 JavaScript 代码单独保存在一个独立的 .js 文件中，这样既使网页的文件结构更加清晰，便于搜索和高度，又可提高代码的复用性。

```
<script src = "cjs/jquery-3.2.1.min.js"></script>　//引入站内 js 文件
<script src = "https：//unpkg.com/bootstrap@ 4.2.1/dist/js/bootstrap.min.js"></script>
//引入站外 js 文件
<script>
```

```
window.alert（"hello，world!"）    //弹出警告框
</script>
```

1.4.2 JavaScript 的基本语法

JavaScript 语法严格区分大小写；一行代码可以用分号（；）表示结束，也可以直接回车换行表示结束；注释方法分为单行注释（//）和多行注释（/* ... */）；其运算符也包括算术运算符、逻辑运算符、比较运算符、赋值运算符等，使用方法与其他编程语言相似。

（1）变量。在 JavaScript 中，变量可以不用先声明而直接使用；声明而未赋值的变量为 undefined；可以看出，JavaScript 属于弱类型语言。

创建数组的方法有三种：

①利用 Array（）函数创建空数组：stu＝new Array（）。

②利用下标方式直接赋值：stu［0］＝"张三"。

③利用 Array 函数创建数组并立即赋值：stu＝new Array（"张三"）。

JavaScript 中数组的创建和使用在真实开发中较为常见，一定要深入学习并灵活掌握其用法。

（2）字符串。字符串是 JavaScript 中比较常见的一类数据类型。其常用属性有：

length：返回字符串长度。

常用方法有：

charAt（）：返回某一字符或子串的起始位置序号。

indexOf（）：返回某一位置序号所对应的字符。

replace（）：字符替换。

split（）：根据某一字符进行分割，结果为一个数组。

substr（n，l）：从第 N 位开始，获取长度为 l 的子串。

substring（s，e）：获取从第 s 位到第 n 位的子串。

我们推荐读者要熟练掌握后 4 种方法，在真实开发工作中极为常用。

（3）函数。JavaScript 中函数的意义与其他语言中函数的意义相同，它把一些 JavaScript 程序放在一个独立、完整的结构中，用于实现一些特定的功能，并且可以被多个页面重复使用。

函数定义方法：

function funName（paras）   //parasV 为形式参数，可有多个。

｛代码块；｝

函数调用方法：

funName（paras）   //parasR 为实际参数，类型与数量要与形式参数一一对应。

通常情况下，函数要先定义后使用。

（4）条件分支与循环。JavaScript 也提供 if else 语句来实现条件分支，与其他编程语言的用法完全相同，包括：

if（）｛...｝

if（）｛...｝else｛...｝

if（）｛...｝ else if（）｛...｝ else if（）｛...｝ ……else ｛...｝

与其他编程语言仍然相同的是，JavaScript 也有 for 循环和 while 循环，但除此之外它还独有一种 for in 循环结构，专门用于遍历可序列化的数据，具有较强的实用性。其语法结构为：

for（i in obj）｛...｝　　//obj 为可序列化的数据变量（如数组、JSON 等），i 为循环变量，是每个元素的下标。

上述结构的含义是：从第一个元素开始，依次从 obj 变量中获取每一个元素的下标，并把此下标值循环地交给循环变量 i，然后在循环体中就可以使此下标变量 i 来完成各类操作。如：

```
stu = new Array（"张三","李四","王五","赵六"）;
lis = "";
for（eachStu in stu）｛
    lis += "<p>" + stu ［eachStu］ + "</p>";
｝;
document. write（lis）;//向页面写入数据
```

一定要注意的是，for in 结构中循环变化的是下标，而不是每一个元素。

1.4.3　JSON 数据格式

JSON（JavaScript Object Notation，JavaScript 对象标记）是一种轻量级的数据交换格式，是 JavaScript 的一个子集，采用完全独立于编程语言的文本格式来存储和表示数据，本质上是一个字符串，易于阅读和编写，现在很多 Web 后端编程语言都能处理 JSON 数据，如 PHP、C#、JAVA、Python 等。JSON 比 XML 在多个方面都有突出优势，因此是目前 Web 上应用最为广泛的数据交互与传输格式。

JSON 数据格式的结构特点包括：

①用键值对表示对象；

②相邻的同级数据用逗号分隔；

③用大括号保存对象；

④用方括号保存对象数组；

⑤结构可嵌套。

读者可通过以下示例了解 JSON 数据格式的结构特点与使用方法。

例 1：纯 JSON 数组，用方括号表示。

```
var jsonArr = ［"张三","李四","王五","赵六"］;　　//定义纯 json 数组
for（i in jsonArr）　　//利用 for in 循环遍历 jsono 数组元素
  ｛
      document. write（i+":"+jsonArr［i］+"<br/>"）;//将所有元素拼接为一个字符串并显示在页面中
  ｝
```

例 2：多个对象且对象值为单一元素的 JSON 数据，大括号保存多个对象，每个对象为键值对，整体上类似数据表中的一条记录。

```
var jsonObj = {
    "name":"张三",
    "sex":"男",
    "age": 100,
}
tempStr="姓名:"+jsonObj.name+", 性别:"+jsonObj.sex+", 年龄:"+jsonObj.age +"<br/>"
/*或者下面这种写法*/
tempStr="姓名:"+jsonObj['name'] +", 性别:"+jsonObj['sex'] +", 年龄:"+jsonObj['age'] +"<br/>"
```
document.write（tempStr）

例3：对象数组，大括号与中括号结合使用，类似数据表中多条记录。

```
var jsonObjArr =
[
    {
        "name":"张三",
        "sex":"男",
        "age": 100
    },
    {
        "name":"李四",
        "sex":"女",
        "age": 56
    },
    {
        "name":"王五",
        "sex":"男",
        "age": 36
    }
];
for (i in jsonObjArr)
{
    tempStr="姓名:"+jsonObjArr[i]['name'] +", 性别:"+jsonObjArr[i]['sex'] +", 年龄:"+jsonObjArr[i]['age'] +"<br/>";
    document.write（tempStr）
}
```

例4：复杂的 JSON 结构嵌套。最外层是 key 为 data 和 info 的普通对象，data 对应的值为对象数组，info 对应值为一个字符串。类似于多张数据表（本例可视为有 data 表和 info 表），每个数据表中可分别放入不同的数据内容。仍然根据对象的 key 值分别进行遍历。

```
var jsonMultiObj =
  {
      "data":
      [
          {
              "name":"张三","sex":"男","age": 100

          },
          {
              "name":"李四","sex":"女","age": 56
          },
          {
              "name":"王五","sex":"男","age": 36
          }
      ],
      "info":"这里有三条人员信息记录。"
  };
document. write（jsonMultiObj. info+"<br/>"）;//读取 key 为 info 的值
for（i in jsonMultiObj. data）//利用 for in 循环遍历 key 为 data 的所有值
  {
      tempStr ="姓名:"+jsonMultiObj［'data'］［i］［'name'］+",性别:"+
jsonMultiObj. data［i］［'sex'］+",年龄:"+jsonMultiObj. data［i］［'age'］+"<br/>";
      document. write（tempStr）
  }
```

1.4.4 BOM 与 DOM

JavaScript 语言中的 BOM（Browser Object Model，浏览器对象模型）与 DOM（Document Object Model，文档对象模型）拥有大量包含丰富属性与方法的子对象，提供了丰富的用户与页面进行交互的功能。

（1）window 对象：表示整个浏览器窗口，属于最顶层的 BOM。

常用方法：

window. open（）;// 打开新窗口。

window. close（）;// 关闭当前窗口。

window. alert（）;// 弹出警告框。

window. confirm（）;// 弹出确认框。

window. print（）;//打印当前窗口。

（2）location 对象：获取当前页面的 url，或者跳转至新页面。

常用属性与方法：

location. href；//获取当前页面的 url。

location. href = " url"；//页面重定向（跳转至 url）。

location. reload（）；//重新加载当前 URL，即刷新当前页。

location. replace（）；//用新文档替换当前文档，相当于页面跳转。

（3）document 对象（DOM 对象）：DOM 实际上是 BOM 的一个子集，在网页上，组成页面的所有内容被组织在一个树形结构中（称为 DOM 树）。通俗地说，DOM 就是指页面中所有 HTML 代码所组成的结构，因此 document 对象可以直接对页面内容进行操作。

常用属性：

document. title；//获取当前文档的标题。

document. URL；// 获取当前文档的 URL。

常用方法：

document. getElementById（）；//根据 id 属性值查找页面中对象（比如某标签）。

document. getElementsByClassName（）；//根据 class 属性值查找页面对象集合。

document. getElementsByName（）；//返回带有指定 name 属性值的对象集合。

document. getElementsByTagName（）；//返回带有指定标签名的对象集合。

document. write（）；//向文档写 HTML 表达式 或 JavaScript 代码。

document. writeln（）；//等同于 write（）方法，不同的是在输出完成后会追加一个换行符。

对象 . 属性名＝属性值；//设置对象属性。

对象 . innerHTML［＝值］；//获取［设置］非表单元素的内容。

对象 . value［＝值］；//获取［设置］表单元素的内容。

对象 . style. 样式名［＝值］；//获取［设置］对象的某样式值。

1.4.5　JavaScript 中的事件

JavaScript 中的事件通常是指用户在网页中执行中的某一动作，比如点击鼠标左键、双击鼠标左键、按下键盘等。用户执行这些动作往往是为了完成某一任务，比如提交表单等，而完成对应任务的过程要通过 JavaScript 代码（如函数等）来实现。JavaScript 语言支持多种事件，整体上事件可以分为鼠标事件、键盘事件、页面加载与退出事件等。

常见的事件有：onclick（鼠标单击事件）、ondblclick（鼠标双击事件）、onfocus（获得焦点事件）、onblur（失去焦点事件）、onmousedown（鼠标按键按下事件）、onmouseup（鼠标按键弹起事件）、onmousemove（鼠标光标移动事件）、onmouseover（鼠标光标悬停事件）、onmouseout（鼠标光标移开事件）、onkeypress（键盘按键按下或按住事件）、onkeyup（键盘按键弹起事件）、onkeydown（键盘按键按下事件）、onchange（内容或值改变事件）、onload（页面或内容加载完成事件）、onunload（页面退出或关闭事件）等。

读者可通过以下示例了解 JavaScript 中事件的创建与使用方法。要注意的是，为对象创建事件的代码通常要放在对象之后，否则将产生异常错误。

例 1：点击按钮实现页面跳转。

```
<button onclick = " window. open （'http：//www. xynun. edu. cn'）" >xynun</button>
//新窗口打开
<button onclick = " window. location. href ='http：//www. xynun. edu. cn'" >xynun</button> //原窗口打开
```

例 2：实时获取用户在文本框里输入的内容，并显示到另一个文本框中。

```
<input type = " text" id = " temp1"/>
<input type = " text" id = " temp2" >
<script>
    var t1 = document. getElementById （"temp1"）; //捕获第一个文本框对象
    var t2 = document. getElementById （"temp2"）; //捕获第二个文本框对象
    t1. onkeyup = function （） ｛; //为第一个文本框添加键盘弹起事件
        t2. value = t1. value;
    ｝
    t1. onblur = function （） ｛; //为第一个文本框添加失去失去焦点事件
        t1. value = "我失去了焦点"
    ｝
    t2. onfocus = function （）; //为第二个文本框添加获得焦点事件
     ｛
        t2. value = "我获得了焦点"
    ｝
</script>
```

例 3：简单的表单验证。在<form>标签中添加 onsubmit 事件，事件调用自定义的表单验证函数 checkForm （），当 checkForm （） 函数返回值为 true 时提交表单，否则不提交表单。这是表单验证的一般过程。

```
< form action = " http：//www. xynun. edu. cn" method = " get" onsubmit = " return checkForm （）" >
    <input type = " text" name = " " id = " username" >
    <input type = " submit" value = " 提交" id = " submitBtn" >
</form>
<script>
    function checkForm （）
     ｛
        var username = document. getElementById （"username"）;
        var temp = " ";
        if （username. value = = " "）
         ｛
            temp = "内容不能为空";
        ｝
```

```
            else if (username. value. length<6)
            {
                temp="内容长度不能少于 6 位";
            }
            else if (username. value. length>15)
            {
                temp="内容长度不能多于 15 位";
            }
            else
            {
                temp=true;
            }
            if (temp! =true)
            {
                alert (temp);
                return false;
            }
            else
            {
                alert ("通过");
                return true;
            }
        }
</script>
```

1.5　前端插件与框架

通过学习上述知识，我们不难发现，利用原生的 JavaScript 语言操作时，过程较为复杂，尤其是当涉及 DOM 操作、改变样式、内容提交等方面时更复杂。为了简化 JavaScript 语言的使用流程，提高编程效率、提升程序的性能，JavaScript 语言衍生出了许多插件与框架。本节将着重介绍 jQuery、Bootstrap 和 Vue. js 三种前端框架。

1.5.1　jQuery

jQuery 是一个快速、简洁的 JavaScript 框架，其设计哲学是倡导写更少的代码做更多的事情。jQuery 的核心特性为：具有独特的链式语法和短小清晰的多功能接口；具有高效灵活的选择器；大大简化了 Ajax 技术的应用过程；拥有便捷的插件扩展机制和丰富的插件，并且具有较好的浏览器兼容性。目前最新的版本是 jQuery3. 3. 1。

默认情况下，jQuery 的程序代码是待网页中 DOM 结构加载完毕后执行，类似于将程序放在原生 JavaScript 中的 onload 事件中。

在页面中需要首先通过<script src="">标签将 jQuery 文件引入进来（jQuery 下载地址：http://jquery.com/download/），之后才能进行基于 jQuery 的编程。另外，jQuery 程序必须放在以下结构中：

$（document）. ready（function（）{

你的 jQuery 程序。

}）；

可简写为：

$（function（）{

你的 jQuery 程序。

}）

1.5.1.1　jQuery 选择器

与 CSS 中的选择器的作用类似，jQuery 中选择器的作用也是确定操作对象。jQuery 中选择器的具体写法与 CSS 中选择器的写法基本一致，但是丰富了许多新的写法。jQuery 选择器必须放在 $（）中。如：

$（"div"）：选择所有<div>标签。

$（"#abc"）：选择 id 属性值为 abc 的标签。

$（".def"）：选择 class 属性值为 def 的所有标签。

$（"input［type='text'］"）：选择 type 属性值为 text 的所有<input>标签。

1.5.1.2　对象的属性与方法

我们利用选择器确定了对象后，可以通过丰富的属性与方法对对象进行多种操作。常用的属性与方法有：

. text（）；//获取或设置非表单标签内容，如果内容中有 html 代码，不解析，原样显示。

. html（）；//获取或设置非表单标签内容，如果内容中有 html 代码，解析显示。

. val（）；//获取或设置表单标签的值。

. prop（）；//获取或设置标签的固有属性值。

. append（）；//在操作对象内添加内容。

. remove（）；//删除对象。

. empty（）；//删除对象中所有子标签。

. css（）；//获取或设置标签的 css 样式。

. addClass（）；//为对象添加一种类样式。

. removeClass（）；//为对象删除一种类样式。

. width（）；//获取或设置标签的宽度。

. height（）；//获取或设置标签的高度。

. hide（）；//隐藏对象。

. show（）；//显示对象。

. toggle（）；//在 hide（）和 show（）之间自动切换。

fadeIn（）；//淡入。

fadeOut（）；//淡出。

．fadeToggle（）；//在 fadeIn（）和 fadeOut（）之间自动切换。

slideDown（）；//滑动出现。

slideUp（）；//滑动隐藏。

．slideToggle（）；//在 slideDown（）和 slideUp（）之间自动切换。

．attr（）；//获取或设置标签的自定义属性值。

1.5.1.3　jQuery 事件

jQuery 重新定义了事件的创建应用方法，实现过程更为简化。其基本结构为：

$（"选择器名"）．事件名（function（）{

代码；

}）

我们仍以上述简单表单验证为例，来了解一下该事件在 jQuery 中的实现过程。

```
<script src = "https：//unpkg. com/jquery@ 3. 3. 1/dist/jquery. min. js" ></script>
    <script>
        $（function（）{
            $（"#submitBtn"）. click（function（）{
                var username = $（"#username"）. val（）;
                if（username = = ""）{
                    alert（"内容不能为空"）;
                }
                else if（username. length < 6）{
                    alert（"内容长度不能少于6 位"）
                }
                else if（username. length > 15）{
                    alert（"内容长度不能多于15 位"）;
                }
                else {
                    alert（"通过"）;
                    $（"#myForm"）. submit（）;
                }
            }）
        }）
    </script>
    <form action = "http：//www. xynun. edu. cn"  method = "get"  id = "myForm" >
        <input type = "text"  name = ""  id = "username" >
        <input type = "button"  value = "提交"  id = "submitBtn" >
    </form>
```

1.5.1.4　jQuery 中的 Ajax 技术

Ajax（Asynchronous Javascript And XML，异步 JavaScript 和 XML）是一种创建交互

式网页应用的网页开发技术，可用于创建快速动态网页，在无须重新加载整个网页的情况下，能够更新部分网页，其本质就是实现异步加载。利用原生 JavaScript 实现 Ajax 的过程十分复杂，而 jQuery 则大大简化了其实现过程，提升了 Web 开发中前端与后端进行异步数据交换的效率。jQuery 内置十多种 Ajax 函数，常用的有 ajax（）、getJSON（）、post（）和 load（）等，下面逐一介绍。

①$. ajax（）。

这是最为完整的执行异步 Ajax 请求的函数，其核心参数包括：

```
$. ajax（{
    url：url；// 请求对象字符串，即后端程序页面的 url
    data：data；//附加的请求参数（JSON 格式）
    type："get/post"；//请求类型
    dataType："json/text/html/xm 等"；//请求返回值的类型
    success：function（data）{};//请求成功后的回调函数，函数的参数 data 为后端
程序的返回值
}）；
```

由于$. ajax（）函数的参数为标准的 JSON 格式，因此参数不分先后顺序。如：

```
$（function（）{
    $. ajax（{
        url："src/index. cs"，
        data：{act："ajax"}，
        type："get"，
        dataType："json"，
        success：function（data）{
            $（"#div1"）. html（data）
        }
    }）
}）
```

上述示例的效果是异步从后端 src/index. cs 页面获取 JSON 数据，并显示到当前页面的 id 为 div1 的标签中。此时要求后端程序的返回值必须为 JSON 格式，否则前端将不能识别解析。

②$. getJSON（）。

$. getJSON（）方法实际上是简化的$. ajax（）方法之一，它相当于在$. ajax（）中将参数 type 设为 get、dataType 设为 json。如：

```
$（function（）{
    $. getJSON（"src/index. cs"，{act："ajax"}，function（data）{
        $（"#div1"）. html（data）
    }
}）
```

要注意，由于$. getJSON（）函数的参数不是标签的 JSON 格式，因此参数顺序不能随意写，只能按照示例中的顺序来写。

③$.post（）。

$.post（）方法实际上是简化的$.ajax（）方法之一，它相当于在$.ajax（）中将参数 type 设为 post，通常用于向服务器后端程序提交表单数据。其基本用法示例如下：

```
$（function（）{
    $.post（"src/index.cs"，{act:"ajax"}，function（data）{
        $（"#div1"）.html（data）
    }
},"json"）
```

要注意，$.post（）函数有四个基本参数，前三个参数与$.getJSON（）函数中的参数相同，第四个参数实际上相当于$.ajax（）函数中的 dataType 参数，即指定后端程序返回值的类型。$.post（）函数的参数顺序也是固定的。

④load（url）。

load（）方法是简单但强大的 AJAX 方法，它可从服务器加载数据，并把返回的数据放入 HTML 元素中。如$（"#div1"）.load（"demo_test.txt"）。

1.5.2　Bootstrap

在 Web 前端设计领域，如何快速搭建风格统一、布局合理且能够自动适应不同用户设备的页面一直是一个重要问题，以往设计人员通常是将 HTML5、CSS3 和 JavaScript 等技术综合起来解决这一问题的，实现过程复杂，在团体开发中难以保证统一性，而且代码的复用性也不够理想。基于 jQuery 的 Bootstrap 框架正是为了解决上述问题而诞生的，它是最受欢迎的 HTML、CSS 和 JavaScript 框架之一，用于开发响应式布局、移动设备优先的 WEB 项目。其本质是定义了风格统一的、几乎覆盖前端开发涉及的所有领域的网格布局、基本样式、布局组件、插件等，供前端开发人员根据需要直接选用。目前的最新版本是 Bootstrap4.2.1。

在使用 Bootstrap 时，我们需要先引入 jQuery 文件，然后再引入 Bootstrap 的.js 文件和.css 样式文件。

由于 Bootstrap 包含内容较多，限于篇幅本节仅介绍部分功能，读者可通过其他途径学习掌握更多相关知识。

1.5.2.1　网格布局

Bootstrap 提供了一套响应式、移动设备优先的流式网格系统，它将页面在水平方向上最多分为 12 列，允许开发人员设置某一标签在某种窗口宽度下占几列。我们结合一个具体需求案例来介绍其实现过程。

目标：页面中有 6 个<div>标签，在宽屏模式下每行显示 3 个<div>，共 2 行；在中等宽度模式下每行显示 2 个<div>，共 3 行；在窄屏模式下，每个<div>独立占一行，共 6 行。

代码：

```
<div class="container">
    <div class="row">
        <div class="col-lg-4 col-md-6 col-sm-12 col-xs-12">1</div>
```

```
    <div class="col-lg-4 col-md-6 col-sm-12 col-xs-12">2</div>
    <div class="col-lg-4 col-md-6 col-sm-12 col-xs-12">3</div>
    <div class="col-lg-4 col-md-6 col-sm-12 col-xs-12">4</div>
    <div class="col-lg-4 col-md-6 col-sm-12 col-xs-12">5</div>
    <div class="col-lg-4 col-md-6 col-sm-12 col-xs-12">6</div>
  </div>
</div>
```

上述示例中, .container 类提供一个最基本的布局容器, 在网络布局中不可缺少; .row 类定义一个占满一行的块级标签, 而其包含的子标签就是可以自适应布局的最小网络单元 (又被称为栅格)。在这些网络单元中, 系统提供了在四种不同屏幕尺寸下的显示方式, 具体如下:

col-lg-*: 指当前标签在大屏幕中占一行 12 列中的 * 列。

col-md-*: 指当前标签在中午屏幕中占一行 12 列中的 * 列。

col-sm-*: 指当前标签在小屏幕中占一行 12 列中的 * 列。

col-xs-*: 指当前标签在超小屏幕中占一行 12 列中的 * 列。

开发人员可根据实际需求, 灵活设置对应的数值, 从而实现响应式布局。

1.5.2.2 常用的基本类样式

常用的基本类样式见表 1.11

表 1.11 常用的基本类样式

类样式名	作用效果	类样式名	作用效果
text-left	块级标签内容左对齐	pull-right	将标签定位至父容器内最右侧
text-center	块级标签内容居中对齐	alert	操作提示框 (也可追加 alert-primary/success/warning/danger 等显示不同颜色)
text-right	块级标签内容右对齐		
text-primary	蓝色文本	btn	基本按钮 (也可追加 btn-primary/success/warning/danger 等显示不同颜色)
text-success	绿色文本		
text-warning	黄色文本	badge	用作显示提示消息 (也可追加 badge-primary/success/warning/danger 等显示不同颜色)
text-danger	红色文本		
text-white	白色文本	img-fluid	响应式图片
bg-light	亮灰色背景	rounded	图片、显示边框线的容器等显示圆角

类样式名	作用效果	类样式名	作用效果
bg-dark	黑色背景	table table-striped	隔行显示不同背景色的表格
bg-white	白色背景	table table-bordered	显示边框线的表格
font-weight-bold	文本加粗	table table-hover	鼠标悬停行时显示加深背景色的表格
border-top/bottom/left/right	在容器的上、下、左、右显示边框线	table-responsive	响应式表格

在使用上述类样式时，直接将样式名写入标签的 class 属性即可，同一标签可以根据需要同时设置多个类样式，比如：<div class="bg-dark text-white text-center font-weight-bold">兴义民族师范学院</div>。

1.5.2.3 布局组件

组件可理解为由多个标签组成的功能较为简单的代码块。Bootstrap 内置了大量的组件，开发人员稍加修改即可使用。

例1：面包屑导航。

```
<nav aria-label="breadcrumb">
    <ol class="breadcrumb">
        <li class="breadcrumb-item"><a href="#">首页</a></li>
        <li class="breadcrumb-item"><a href="#">新闻中心</a></li>
        <li class="breadcrumb-item active" aria-current="page">新闻列表</li>
    </ol>
</nav>
```

例2：卡片。

```
<div class="card" style="width：1rem；">
    <img class="card-img-top" src="...">
    <div class="card-body">
        <h5 class="card-title">卡片标题</h5>
        <p class="card-text">卡片内容</p>
    </div>
</div>
```

例3：列表组。

```
<ul class="list-group">
    <li class="list-group-item">教务处</li>
    <li class="list-group-item">人事处</li>
```

```html
<li class="list-group-item">信息技术学院</li>
</ul>
```

例 4：响应式表单布局。

```html
<div class="input-group mb-3">
    <div class="input-group-prepend">
        <span class="input-group-text">账号</span>
    </div>
    <input type="text" class="form-control" placeholder="账号可为用户名或电话。"/>
</div>
<div class="input-group mb-3">
    <div class="input-group-prepend">
        <span class="input-group-text">密码</span>
    </div>
    <input type="password" placeholder="登录密码。" class="form-control"/>
</div>
<div class="text-center">
<button class="btn btn-primary">登录</button>  <button class="btn">重置</button>
</div>
```

例 5：下拉菜单。

```html
<div class="dropdown">
    <button type="button" class="btn dropdown-toggle" id="dropdownMenu1" data-toggle="dropdown">主题<span class="caret"></span></button>
    <ul class="dropdown-menu" role="menu" aria-labelledby="dropdownMenu1">
        <li role="presentation"><a role="menuitem" tabindex="-1" href="#">数据挖掘</a></li>
        <li role="presentation"><a role="menuitem" tabindex="-1" href="#">数据通信/网络</a></li>
        <li role="presentation" class="divider"></li>
        <li role="presentation"><a role="menuitem" tabindex="-1" href="#">分离的链接</a></li>
    </ul>
</div>
```

1.5.2.4 插件

Bootstrap 中的插件用于实现一些相对复杂的功能模块，在非 Bootstrap 环境下，这些功能的实现往往需要额外的 JavaScript 代码作支撑，但是借助 Bootstrap 插件其实现过程将大大简化。本节介绍 Tab 页、手风琴效果、轮播图和模态框功能的实现。

例 1：Tab 页（选项卡效果）。

```html
<ul id="myTab" class="nav nav-tabs">
```

```
<li class="active"><a href="#home" data-toggle="tab">新闻</a></li>
    <li><a href="#ios" data-toggle="tab">通知</a></li>
</ul>
<div id="myTabContent" class="tab-content">
<div class="tab-pane fade in active" id="home">
<p>新闻列表</p>
    </div>
    <div class="tab-pane fade" id="ios">
        <p>通知列表</p>
    </div>
</div>
```

例2：手风琴效果。

```
<div class="panel-group" id="panel-1">
<div class="panel panel-default">
        <div class="panel-heading">
        <a class="panel-title" data-toggle="collapse" data-parent="#panel-1" href="#panel-element-1">系统管理</a>
        </div>
        <div id="panel-element-1" class="panel-collapse in">
            <div class="panel-body">关键参数设置</div>
            <div class="panel-body">用户角色管理</div>
        </div>
    </div>
    <div class="panel panel-default">
<div class="panel-heading">
        <a class="panel-title collapsed" data-toggle="collapse" data-parent="#panel-1" href="#panel-element-2">新闻管理</a>
    </div>
    <div id="panel-element-2" class="panel-collapse collapse">
        <div class="panel-body">新闻栏目管理</div>
        <div class="panel-body">新闻内容管理</div>
</div>
</div>
</div>
```

例3：轮播图。

```
<div class="carousel slide" data-ride="carousel">
    <ul class="carousel-indicators"><!-- 指示符 -->
        <li data-target="#demo" data-slide-to="0" class="active"></li>
        <li data-target="#demo" data-slide-to="1"></li>
```

```
        </ul>
        <div class="carousel-inner"><!-- 轮播图片 -->
            <div class="carousel-item active">
                <img class="img-fluid" src="img/default1.jpg">
            </div>
            <div class="carousel-item">
                <img class="img-fluid" src="img/default2.jpg">
            </div>
        </div>
    <!-- 左右切换按钮 -->
    <a class="carousel-control-prev" href="#demo" data-slide="prev">
        <span class="carousel-control-prev-icon"></span>
    </a>
    <a class="carousel-control-next" href="#demo" data-slide="next">
        <span class="carousel-control-next-icon"></span>
    </a>
</div>
```

例 4：模态框（全屏弹窗）。

```
<button type="button" class="btn btn-primary" data-toggle="modal" data-target="#myModal">
    打开全屏窗口
</button>
<!-- 模态框 -->
<div class="modal fade" id="myModal">
    <div class="modal-dialog modal-lg">
        <div class="modal-content">
            <div class="modal-header">
                <h4 class="modal-title">头部</h4>
                    <button type="button" class="close" data-dismiss="modal">
&times;</button>
            </div>
            <div class="modal-body">
                主体内容
            </div>
            <div class="modal-footer">
                    <button type="button" class="btn btn-secondary" data-dismiss="modal">关闭</button>
            </div>
        </div>
```

```
    </div>
</div>
```

此例中，除了在按钮中设置"data-toggle='modal' data-target='#myModal'"来实现点击之后出现弹窗外，还可以使用 JavaScript 代码来手动控制弹窗的开关，具体如下：

```
$ (function () {
    $ ("#btn") .click (function () {
        $ ("#myModal") .modal ("show/hide"); //show 表示出现弹窗，hide 表示
关闭弹窗
    })
})
```

习题

1. 引入插件，用 Bootstrap 实现网页中常见的页面效果。

（1）静态模态框。

```
<body>
    <div class="container">
        <div class="modal show">
            <div class="modal-dialog">
                <div class="modal-content">
                    <div class="modal-header">
                        <button class="close">&times;</button>
                        <h3>提示信息</h3>
                    </div>
                    <div class="modal-body">
                        <p>你确定要走么？</p>
                    </div>
                    <div class="modal-footer">
                        <button class="btn btn-primary">我撩一下</button>
                        <button class="btn btn-danger">别再烦我</button>
                    </div>
                </div>
            </div>
        </div>
    </div>
</body>
```

页面效果如下：

（2）分页。

```
<div class="container">
    <ul class="pagination">
        <li><span>&laquo;</span></li>
        <li class="active"><a href="#">1</a></li>
        <li><a href="#">2</a></li>
        <li><a href="#">3</a></li>
        <li><a href="#">4</a></li>
        <li><a href="#">5</a></li>
        <li><span>&raquo;</span></li>
    </ul>
</div>
```

页面效果如下：

（3）徽章（比如聊天 APP 中的未读消息）。

```
<body>
    <div class="container">
        <button class="btn btn-success">
            聊天<span class="badge">99+</span>
        </button>
    </div>
</body>
```

页面效果如下：

聊天 99+

（4）进度条。

```
<div class="container">
    <div class="progress">
        <div class="progress-bar" style="width: 50%;">50%</div>
    </div>
    <!--颜色-->
    <div class="progress">
        <div class="progress-bar progress-bar-success" style="width: 50%;">50%</div>
    </div>
    <div class="progress">
        <div class="progress-bar progress-bar-info" style="width: 50%;">50%</div>
    </div>
    <div class="progress">
        <div class="progress-bar progress-bar-danger" style="width: 50%;">50%</div>
    </div>
    <!--条纹效果-->
    <div class="progress">
        <div class="progress-bar progress-bar-warning progress-bar-striped" style="width: 50%;">50%</div>
    </div>
    <!--动画过渡效果-->
    <div class="progress">
        <div class="progress-bar progress-bar-danger progress-bar-striped active" style="width: 50%;">50%</div>
    </div>
    <!--混合效果-->
    <div class="progress">
        <div class="progress-bar progress-bar-info" style="width: 50%;">50%</div>
        <div class="progress-bar progress-bar-warning" style="width: 30%;">30%</div>
    </div>
</div>
</body>
```

运行效果如下：

2. 实现 Bootstrap 下拉菜单多级联动（三级）。

2 │ C#语言基础

C#是微软公司发布的一种面向对象、运行于 . NET Framework 之上的高级程序设计语言。C#是一种安全的、稳定的、简单的、由 C 和 C++衍生出来的面向对象的编程语言。C# 是为公共语言基础结构（CLI）设计的，CLI 由可执行代码和运行时的环境组成，允许在不同的计算机平台和体系结构上使用各种高级语言。

C#语言的特点：

（1）简洁的语法；

（2）与 Web 的紧密结合；

（3）完整的安全性与错误处理；

（4）灵活性与兼容性；

（5）结构化语言；

（6）Net 框架的一部分。

2.1　C#语言环境

C#语言应该读作 C Sharp，就是 C 形状。在这一节中，我们将介绍创建 C# 编程所需的工具。C#语言的框架是 . net framework 框架。因此，在讨论运行 C# 程序的可用工具之前，我们需要先了解一下 C# 与 . Net 框架之间的关系。

2.1.1　NET 框架（. Net Framework）

. Net Framework 框架是 Microsoft 公司推出的完全面向对象的软件开发与运行平台，是一个多语言组件开发和执行环境，它提供了一个跨语言的统一编程环境。. NET 框架的目的是便于开发人员更容易地建立 Web 应用程序和 Web 服务，使得 Internet 上的各应用程序之间，可以使用 Web 服务进行沟通。

. Net Framework 框架应用程序是多平台的应用程序。框架的设计方式使它适用于下列各种语言：C#、C++、Visual Basic、Jscript、COBOL 等。

. Net Framework 主要组件是类库，可以利用它开发多种应用程序，包括传统的命令行、图形用户界面应用程序、web 窗体。

2.1.2 C#的开发工具

Microsoft 提供了下列用于 C# 编程的开发工具：

（1）Visual Studio 2010（VS）；

（2）Visual C# 2010 Express（VCE）；

（3）Visual Web Developer。

在本教材中，我们使用的是 Visual Studio 2010（VS）。

2.1.3 编译和执行 C#程序

使用 Visual Studio. Net 编译和执行 C# 程序，步骤如下：

①启动 Visual Studio。

②在菜单栏上，选择文件－新建－项目。

③弹出新建项目对话框，从模板选择 visual C#。

④选择控制台应用程序，输入项目名称，点击确定按钮。

⑤在代码编辑器（Code Editor）中编写代码，如图 2.1 所示。

```
namespace aa
{
    class Program
    {
        static void Main(string[] args)
        {
            Console.Write("Hello World!");
            Console.Read();
        }
    }
}
```

图 2.1　C#编写代码实例

⑥点击 Run 按钮或者按下 F5 键来运行程序。会出现一个命令提示符窗口（Command Prompt window），显示 Hello World。

2.2　C#基本语法

C#是一种面向对象的编程语言，主要用于开发可以在 . NET 平台上运行的应用程序。

【例 2.1】以三角形对象为例，它具有 bottom 和 high 属性，利用该属性可以计算三角形面积 area。程序代码如下：

using System；

using System. Collections. Generic；

```
using System. Linq;
using System. Text;
namespace aa
{
        public class triangle
        {
            double buttom=5;
            double high=3;
            double area;
            public double getarea ( )
            {
                area= (buttom * high) / 2; //计算三角形的面积
                return area;
            }
            public void display ( ) /*输出 buttom，high 和 area
                    "buttom：{0}" 里面为普通字符和格式控制*/
            {
                Console. WriteLine ("buttom：{0}", buttom);
                Console. WriteLine ("high：{0}", high);
                Console. WriteLine ("area：{0}", area);
            }
        }
        class Executetriangle
        {
            static void Main (string [ ] args)
            {
                triangle r = new triangle ( );
                r. getarea ( );
                r. display ( );
                Console. Read ( );
            }
        }
}
```

当上面的代码被编译和执行时，该程序的产生结果如图 2.2 所示。

图 2.2　程序运行结果

例题讲解：

using 关键字：using 关键字用于程序中引入命名空间，一个程序可以包含多个 using 语句。

Class 关键字：class 关键字用于声明一个类。

C#中的注释：注释是用于解释代码。在 C# 程序中，多行注释以 /* 开始，并以字符 */ 终止，如：/*输出 buttom，high 和 area。

"buttom：{0}" 里面为普通字符和格式控制 */。

单行注释是用 // 符号表示，如：//计算三角形的面积。

标识符：标识符是用来识别类、变量、函数或任何其它用户定义的项目。

在 C# 中，类的命名必须遵循如下基本规则：

①标识符必须以字母、下划线或@开头，后面可以跟一系列的字母、数字（0-9）、下划线（ _ ）、@。

②标识符中的第一个字符不能是数字。

③标识符不包含任何嵌入的空格或符号，比如 ？- +! # % ^ & * ( ) [ ] { } · ; : " ' / \ 。

④标识符不能是 C# 关键字。除非它们有一个 @ 前缀。例如，@ if 是有效的标识符，但 if 不是，因为 if 是关键字。

⑤标识符必须区分大小写。大写字母和小写字母被认为是不同的字符。

⑥不能与 C#的类库名称相同。

2.2.1　C#　数据类型

2.2.1.1　值类型

值类型表示实际的数据，存储在堆栈中。比如 int、char、float，它们分别存储整型数、字符、浮点数。当声明一个 int 类型时，系统分配 int 型数字对应的存储空间来存储值，同时将一个值类型变量赋给另一个值类型变量时，将复制包含的值，对其中一个变量操作时，不影响其他变量。

值类型如表 2.1 所示：

表 2.1　值类型

类型	位数	范围
bool		True 或 False
byte	8 位无符号整数	0 到 255
char	16 位 Unicode 字符	U +0000 到 U +ffff
decimal	128 位精确的十进制值	$\pm 1.0 \times 10^{-28}$ 到 $\pm 7.9 \times 10^{28}$
double	64 位双精度浮点型	$\pm 5.0 \times 10 - 324$ 到 $\pm 1.7 \times 10\ 308$
float	32 位单精度浮点型	-3.4×10^{38} 到 $+ 3.4 \times 10^{38}$
int	32 位有符号整数类型	-2147483648 到 2147483647
long	64 位有符号整数类型	-9223372036854775808 到 9223372036854775807

类型	位数	范围
sbyte	8 位有符号整数类型	-128 到 127
short	16 位有符号整数类型	-32768 到 32767
uint	32 位无符号整数类型	0 到 4294967295
ulong	64 位无符号整数类型	0 到 18446744073709551615
ushort	16 位无符号整数类型	0 到 65535

在一般情况下，我们要根据实际需要选择数据的值类型。如需得到一个类型或一个变量在特定平台上的准确尺寸，可以使用 sizeof 方法。

【例 2.2】输出相应数据类型所占字节数。程序代码如下：

```
using System;
using System. Collections. Generic;
using System. Linq;
using System. Text;
namespace ConsoleApplication7
{
    class Program
    {
        static void Main（string［］args）
        {
            Console. WriteLine（"int 的位数：{0}", sizeof（int））;
            Console. ReadLine（）;
        }
    }
}
```

当上面的代码被编译和执行时，结果如下：

int 的位数：4

2.2.1.2 引用类型

引用类型表示指向数据的指针或引用，不包含存储在变量中的实际数据。换句话说，它们指向的是一个内存位置。使用多个变量时，引用类型可以指向一个内存位置。如果内存位置的数据是由一个变量改变的，其他变量会自动反映这种值的变化。

2.2.1.3 对象类型

Object 是 System. Object 类的别名。所以对象类型可以被分配任何其他类型（值类型、引用类型、预定义类型或用户自定义类型）的值。但是，在分配值之前，我们需要先对其进行类型转换。

当一个值类型转换为对象类型时，这一过程则被称为装箱；当一个对象类型转换为值类型时，这一过程则被称为拆箱。

【例 2.3】装箱和拆箱。程序代码如下：

```
using System;
using System. Collections. Generic;
using System. Linq;
using System. Text;
namespace ConsoleApplication7
{
    class Program
    {
        static void Main（string［］args)
        {
            int i = 20;
            object obj = i;    //装箱
            int j = (int) obj;    //拆箱
            Console. WriteLine（j）;
            Console. WriteLine（obj）;
            Console. Read（）;
        }
    }
}
```

2.2.1.4 字符串类型

字符串类型是 System. String 类的别名，可以存取任意长度的字符串。字符串类型的值可以通过两种形式进行分配：引号和 @ 引号。如：

String str = " runoob. com" ;

C# string 字符串的前面可以加 @ （称作"逐字字符串"）将转义字符（\ ）当作普通字符对待，比如：

string str = @ " C：\ Windows" ;

等价于：

string str = " C：\ \ Windows" ;

2.2.1.5 指针类型

指针类型是变量存储另一变量的内存地址。

声明指针类型的语法。

type * 变量名;

当在同一个声明中声明多个指针时，* 仅与基础类型一起使用，而不是作为每个指针名称的前缀。例如：

int * p1, p2, p3;

指针不能指向引用或包含引用的 struct，因为即使有指针指向对象引用，该对象引用也无法执行垃圾回收。

myType * 类型的指针变量的值是 myType 类型的变量的地址。指针类型声明的示例如表 2.2 所示：

表 2.2　指针类型声明

示例	说明
int * p	p 是指向整数的指针
int * * p	p 是指向整数的指针的指针
int * [ ] p	p 是指向整数的指针的一维数组
char * p	p 是指向字符的指针
void * p	p 是指向未知类型的指针

2.2.2　C#类型转换

类型转换是把数据从一种类型转换为另一种类型。在 C# 中，类型转换有两种形式：

①隐式类型转换。它不需要声明就能进行的转换。隐式转换是 C# 默认的以安全方式进行的转换，从 int、uint、long、ulong 到 float，以及从 long 或 ulong 到 double 的转换可能导致精度损失，但不会影响其数量级。其他隐式转换不会丢失任何信息。

②显式类型转换。显式类型转换也称为强制类型转换，它需要在代码中明确地声明要转换的类型。显式转换需要强制转换运算符，而且强制转换会造成数据丢失。

【例 2.4】以下是显示转换的实例，程序代码如下：

```
using System;
using System. Collections. Generic;
using System. Linq;
using System. Text;
namespace ConsoleApplication8
{
    class Program
    {
        static void Main（string［］args）
        {
            double a = 4563. 643;
            int i;
            // 强制转换 double 为 int
                        i = （int）a;
            Console. WriteLine（i）;
            Console. ReadLine（）;
        }
    }
}
```

当上面的代码被编译和执行时，结果为：

4563

同时把一个 double 型数据转换为 int 型数据也可以采用以下方法。

double d = 4563. 65；

int i = Convert. ToInt32（d）；

C# 提供了如表 2.3 所示内置的类型转换方法：

表 2.3 内置类型转换方法

序号	描述
1	ToBoolean 把类型转换为布尔型
2	ToByte 把类型转换为字节类型
3	ToChar 把类型转换为单个 Unicode 字符类型
4	ToDateTime 把类型（整数或字符串类型）转换为日期时间类型
5	ToDecimal 把浮点型或整数类型转换为十进制类型
6	ToDouble 把类型转换为双精度浮点型
7	ToInt16 把类型转换为 16 位整数类型
8	ToInt32 把类型转换为 32 位整数类型
9	ToInt64 把类型转换为 64 位整数类型
10	ToSbyte 把类型转换为有符号字节类型
11	ToSingle 把类型转换为小浮点数类型
12	ToString 把类型转换为字符串类型
13	ToType 把类型转换为指定类型
14	ToUInt16 把类型转换为 16 位无符号整数类型
15	ToUInt32 把类型转换为 32 位无符号整数类型
16	ToUInt64 把类型转换为 64 位无符号整数类型

【例 2.5】把不同值的类型转换为日期类型，计算两个日期时间差。程序代码如下：

```
using System；
using System. Collections. Generic；
using System. Linq；
using System. Text；
namespace ConsoleApplication8
{
    class Program
    {
        static void Main（string［］args）
        {
            DateTime dt1 = Convert. ToDateTime（"2019-7-27 00：00：00"）；
            DateTime dt2 = Convert. ToDateTime（"2019-7-28 00：00：00"）；
```

```
            TimeSpan ts = dt2. Subtract（dt1）;
            Console. WriteLine（ts. TotalSeconds）;
            Console. Read（）;
        }
    }
}
```

2.3 变量

变量是指在程序运行过程中其值可以不断变化的量，其命名必须符合标识符的命名规则。

2.3.1 变量定义

声明变量的形式如下：

AccessModifier DateType VariableName_list;

如：private int a;

AccessModifier（作用域修饰符）

Public：公共的

Private：私有的

Protected：受保护的

DateType：数据类型

VariableName_list：变量名，可以由一个或多个用逗号分隔的标识符名称组成，变量名不能与任何C#语言关键字同名。

如：int int＝0;   //错误

int i, j, k;   //正确

char c, ch;   //正确

float f, salary;   //正确

double d;   //正确

2.3.2 变量初始化

变量通过在等号后跟一个常量表达式进行初始化。初始化的一般形式为：

variablename = value;

变量可以在声明时被初始化。初始化由一个等号后跟一个常量表达式组成，如下所示：

DateType VariableName = value;

例如：

inta = 5, b = 7;   /＊ 定义a, b变量，并初始化a为5, b为7 ＊/

bytec = 2;   /＊ 定义变量c，并初始化c为2＊/

charch = 'x';   /* 定义变量 ch，并初始化 ch 的值为 'x' */

变量在程序运行过程中其值可以改变，如何接受用户从键盘输入的值。System 命名空间中的 Console 类提供了一个函数 ReadLine（），用于接收来自用户的输入，并把它存储到一个变量中。

【例 2.6】从键盘输入一个数值，赋值给相应变量，然后输出。程序代码如下：

```
using System;
using System. Collections. Generic;
using System. Linq;
using System. Text;
namespace ConsoleApplication8
{
    class Program
    {
        static void Main（string［］args)
        {
            int a;
            a ＝Convert. ToInt32（Console. ReadLine（））;
            Console. Write（"a 的值为 a ｛0｝", a）;
            Console. Read（）;
        }
    }
}
```

函数 Convert. ToInt32（）把用户输入的数据转换为 int 数据类型，因为 Console. ReadLine（）只接受字符串格式的数据。

2.4　常量

常量也称为常数，程序执行过程中其值保持不变的量。常量可以是任何基本数据类型，比如整数常量、浮点常量、字符常量或者字符串常量，还有枚举常量；这些常量在 C 语言中已着重讲解，在此不再重述，本节主要讲解符号常量的使用方法。

2.4.1　符号常量

符号常量是通过 const 关键字来定义的，符号常量必须在声明时初始化。定义一个常量的语法如下：

const data_ type constant_ name ＝ value;

【例 2.7】常量的定义和使用。程序代码如下：

```
using System;
using System. Collections. Generic;
```

```
using System. Linq;
using System. Text;
namespace ConsoleApplication8
{
    class Program
    {
        class constant_ name
        {

            public int x = 10;
            public int y = 20;
            public const int c1 = 5;
            public const int c2 = c1 + 5;

        }


        static void Main（string[] args）
        {

            constant_ name cn = new constant_ name（）;
            Console. WriteLine（"x = {0}, y = {1}", cn. x, cn. y）;
            Console. WriteLine（" c1 = {0}, c2 = {1}", constant_ name. c1,
constant_ name. c2）;
            Console. Read（）;
        }
    }
}
```

当上面的代码被编译和执行时，它会产生下列结果：

```
x = 10, y = 20
c1 = 5, c2 = 10
```

2.5　运算符

运算符是一个符号，告诉编译器执行特定的数学或逻辑操作。C#中含有丰富的内置运算符，并提供以下类型的运算符：算术运算符、关系运算符、逻辑运算符、位运算符、赋值运算符、其他运算符。

2.5.1　算术运算符

算术运算符包括"+""-""＊""/""%""++""--"，用算术运算符把数值连接在一起的，符合 C#语法的表达式称为算术表达式。算术运算符及算术表达式详细说明如表 2.4 所示：

表 2.4　算术运算符与算术表达式

运算符	描述	表达式	值
+	把两个操作数相加	4 + 5	9
−	从第一个操作数中减去第二个操作数	5 − 4	1
*	把两个操作数相乘	4 * 5	20
/	分子除以分母	5 / 4	1
%	取模运算符，整除后的余数	5 % 4	1
++	自增运算符，整数值增加 1	int a＝3，++ a	4
−−	自减运算符，整数值减少 1	int a＝3，−− a	2

【例 2.8】算术运算符和算术表达式实例。程序代码如下：

```
using System;
using System. Collections. Generic;
using System. Linq;
using System. Text;
namespace ConsoleApplication8
{
    class Program
    {
        static void Main（string［］args）
        {
            int a = 20;
            int b = 30;
            int c;
            c = a + b;
            Console. WriteLine（"a+b= ｛0｝"，c）;
            c = a − b;
            Console. WriteLine（"a−b= ｛0｝"，c）;
            c = a * b;
            Console. WriteLine（"a*b= ｛0｝"，c）;
            c = a／b;
            Console. WriteLine（"a/b= ｛0｝"，c）;
            c = a % b;
            Console. WriteLine（"a%b= ｛0｝"，c）;
            c = ++a; // ++a 先进行自增运算再赋值
            Console. WriteLine（"++a 的值为 a ｛0｝"，c）;
            c = a−−; // a −−先赋值再进行自减运算
            Console. WriteLine（"a−−的值为 a ｛0｝"，c）;
```

```
            Console. ReadLine（）；
        }
    }
}
```

当上面的代码被编译和执行时，程序运行的结果如图 2.3 所示：

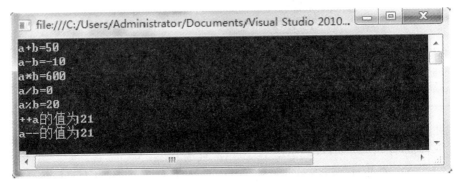

图 2.3　程序运行结果

2.5.2　关系运算符

关系运算符包括"＝＝""！＝""＜""＞""＜＝""＞＝"等，用关系运算符把运算对象连接起来，符合 C#语法的式子称为关系表达式。关系运算符及关系表达式的详细说明如表 2.5 所示：

表 2.5　关系运算符与关系表达式

运算符	描述	表达式	值
＝＝	检查两个操作数的值是否相等，如果相等则条件为真	4＝＝5	false
！＝	检查两个操作数的值是否相等，如果不相等则条件为真	4！＝5	true
＞	检查左操作数的值是否大于右操作数的值，如果是则条件为真	4＞5	false
＜	检查左操作数的值是否小于右操作数的值，如果是则条件为真	4＜5	true
＞＝	检查左操作数的值是否大于或等于右操作数的值，如果是则条件为真	4＞＝5	false
＜＝	检查左操作数的值是否小于或等于右操作数的值，如果是则条件为真	4＜＝5	true

2.5.3　逻辑运算符

逻辑运算符包括"&""｜｜""！""^"，用逻辑运算符把运算对象连接起来，符合 C#语法的式子称为逻辑表达式。逻辑表达式返回值为布尔型，逻辑运算符及逻辑表达式的详细说明如表 2.6 所示：

表 2.6　逻辑运算符与逻辑表达式

运算符	描述	实例	值类型
&&	逻辑与运算符。如果两个操作数都非零，则结果为真	A && B	布尔值
||	逻辑或运算符。如果两个操作数中有任意一个非零，则结果为真	A || B	布尔值
!	逻辑非运算符。用来逆转操作数的逻辑状态。如果条件为真则逻辑非运算符将使其为假	A && B	布尔值
^	异或运算符。如果两个操作数一个为真，另一个为假，则结果为真。两个为真或两个为假结果为假	A ^ B	布尔值

逻辑运算符对表达式 a 和 b 的操作结果如表 2.7 所示：

表 2.7　逻辑运算符真值表

a	b	a&&b	a||b	!a	a^b
false	false	false	false	true	false
false	true	false	true	true	true
true	false	false	true	false	true
true	true	true	true	false	false

2.5.4　位运算符

位运算符将它的操作数看作一个二进制位的集合，每个二进制位可以取值 0 或 1。位运算符包括"<<"">>""&""|""^""~"，位运算符及位表达式的详细说明如表 2.8 所示：

表 2.8　位运算符与位表达式

运算符	描述	实例	值
>>	左移运算符。其功能把"<<"左边的运算数的各二进位全部左移若干位，由"<<"右边的数指定移动的位数，高位丢弃，低位补 0	int a＝3；a<<4	48
<<	右移运算符。其功能是把">>"左边的运算数的各二进位全部右移若干位，">>"右边的数指定移动的位数	int a＝15；a>>2	3
&	位与运算符。其功能是参与运算的两数各对应的二进位相与。只有对应的两个二进位均为 1 时，结果位才为 1，否则为 0	int a＝2，b＝3；a & b	2
|	位或运算符。其功能是参与运算的两数各对应的二进位相或。只要对应的二个二进位有一个为 1 时，结果位就为 1	int a＝2，b＝3；a|b	3
^	位异或运算符。其功能是参与运算的两数各对应的二进位相异或，当两对应的二进位相异时，结果为 1	int a＝2，b＝3；a ^ b	1
~	求反运算符，具有右结合性。其功能是对参与运算的数的各二进位按位求反	int a＝-9；~a	8

说明：

例如：9&5 可写算式如下：00001001（9 的二进制补码）&00000101（5 的二进制补码）结果为 00000001（1 的二进制补码），可见 9&5＝1。

2.5.5　赋值运算符

赋值运算符用于为变量、属性、事件或索引器元素赋新值，C#中的赋值运算符包括"="、"+="、"－="、"＊="、"/="、"%="、"<<="、">>="、"&="、"^="、"｜="等，赋值运算符及赋值表达式的详细说明如表 2.9 所示：

表 2.9　赋值运算符与赋值表达式

运算符	描述	实例
=	简单的赋值运算符，把右边操作数的值赋给左边操作数	C = A + B 将把 A + B 的值赋给 C
+=	加且赋值运算符，把右边操作数加上左边操作数的结果赋值给左边操作数	C += A 相当于 C = C + A
－ =	减且赋值运算符，把左边操作数减去右边操作数的结果赋值给左边操作数	C － A 相当于 C = C － A
＊ =	乘且赋值运算符，把右边操作数乘以左边操作数的结果赋值给左边操作数	C ＊ = A 相当于 C = C ＊ A
/ =	除且赋值运算符，把左边操作数除以右边操作数的结果赋值给左边操作数	C / = A 相当于 C = C / A
% =	求模且赋值运算符，求两个操作数的模赋值给左边操作数	C % = A 相当于 C = C % A
<<=	位左移且赋值运算符	C <<= 2 等同于 C = C << 2
>>=	位右移且赋值运算符	C >>= 2 等同于 C = C >> 2
&=	按位与且赋值运算符	C &= 2 等同于 C = C & 2
^=	按位异或且赋值运算符	C ^= 2 等同于 C = C ^ 2
｜ =	按位或且赋值运算符	C ｜ = 2 等同于 C = C ｜ 2

【例 2.9】C# 中所有的赋值运算符和赋值表达式实例的程序代码如下：

```
using System;
using System. Collections. Generic;
using System. Linq;
using System. Text;
namespace ConsoleApplication8
{
    class Program
    {
        static void Main (string [] args)
        {
            int a = 15;
```

```
        int c;
        c = a;
        Console.WriteLine ("c = {0}", c);
        c += a;
        Console.WriteLine ("c+a = {0}", c);
        c -= a;
        Console.WriteLine ("c-a = {0}", c);
        c *= a;
        Console.WriteLine ("c*a = {0}", c);
        c /= a;
        Console.WriteLine ("c/a = {0}", c);
        c = 100;
        c %= a;
        Console.WriteLine ("c%a = {0}", c);
        c <<= 2;
        Console.WriteLine ("c 左移两位的值 = {0}", c);
        c >>= 2;
        Console.WriteLine ("c 右移两位的值 = {0}", c);
        c &= 2;
        Console.WriteLine ("c&2 = {0}", c);
        c ^= 2;
        Console.WriteLine ("c^2 = {0}", c);
        c |= 2;
        Console.WriteLine ("c | 2 = {0}", c);
        Console.ReadLine ();
    }
  }
}
```

当上面的代码被编译和执行时，执行结果如图 2.4 所示：

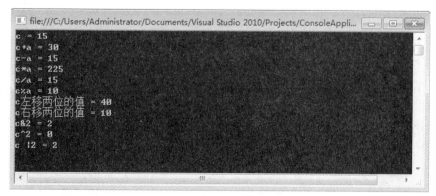

C # 语言基础

· 47 ·

图 2.4　程序运行结果

2.5.6　其他运算符

其他运算符主要包括"sizeof""&""?:""as"等运算符。它们的详细说明如表 2.10 所示：

表 2.10　其他运算符

运算符	描述	实例	值
sizeof（ ）	返回数据类型的大小	sizeof（int）	4
&	返回变量的地址	&a	返回变量的地址
?：	条件表达式	a>b？x：y	如果 a>b 成立，返回 x，否则返回 y
as	强制转换，即使转换失败也不会抛出异常	string s = someObject as string	

2.5.7　运算符的优先级

当表达式包含多个运算符时，运算符的优先级控制着各个运算符执行的顺序，这会影响到一个表达式如何计算及计算后的结果。某些运算符比其他运算符有更高的优先级，例如，乘除运算符具有比加减运算符更高的优先级。

表 2.11 将按运算符优先级从高到低列出各个运算符，具有较高优先级的运算符出现在表格的上面，具有较低优先级的运算符出现在表格的下面。在表达式中，较高优先级的运算符会优先被计算。

表 2.11　运算符的优先级

类别	运算符	结合性
基本	f（x）、a [x]、x. y、x++、x－－、new、typeof	从右到左
单目	+、-、!、~、++、－－、&、sizeof	从左到右
乘除	*、/、%	从左到右
加减	+、-	从左到右
移位	<<、>>	从左到右
关系	<、<=、>、>=	从左到右
相等	==、! =	从左到右
位与	&	从左到右
位异或	^	从左到右
位或	|	从左到右
逻辑与	&&	从左到右
逻辑或	||	从左到右
条件	?:	从右到左
赋值	=、+=、-=、*=、/=、%=、>>=、<<=、&=、^=、|=	从右到左
逗号	,	从左到右

2.6 条件结构

2.6.1 if 语句

一个 if 语句由一个布尔表达式后跟一个或多个语句组成。

C# 中 if 语句的语法：

if（布尔表达式）

{

代码段　　／＊ 如果布尔表达式为真将执行的语句 ＊／

}

如果布尔表达式为 true，则 if 语句内的代码块将被执行。如果布尔表达式为 false，则 if 语句结束后的第一组代码将被执行。执行过程如图 2.5 所示。

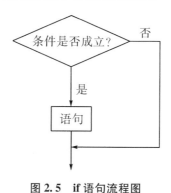

图 2.5　if 语句流程图

【例 2.10】从键盘输入一分数，如果分数大于等于 60，输出该分数已及格。程序代码如下：

```
using System;
using System. Collections. Generic;
using System. Linq;
using System. Text;
namespace ConsoleApplication8
{
    class Program
    {
        static void Main（string ［］args）
        {
            int score = Convert. ToInt32（Console. ReadLine（））;
            ／＊使用 if 语句检查布尔条件＊／
```

```
if（score >= 60）
  {
      /＊如果条件为真，则输出下面的语句＊/
      Console．WriteLine（"该分数已及格"）；
  }
  Console．WriteLine（"score 的值是 {0}"，score）；
  Console．ReadLine（）；
    }
  }
}
```

2.6.2　if...else 语句

if...else 语句是控制在某个条件下，程序才执行某个功能，否则执行另一个功能。C#中 if...else 语句的语法：

```
if（布尔表达式）
{
    代码段1      /＊ 如果布尔表达式为真将执行的语句 ＊/
}
else
{
    代码段2      /＊ 如果布尔表达式为假将执行的语句 ＊/
}
```

如果布尔表达式为 true，则执行代码段 1。如果布尔表达式为 false，则执行代码段 2。执行过程如图 2.6 所示：

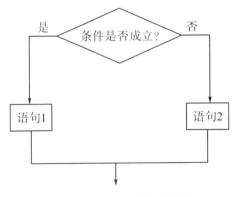

图 2.6　if...else 语句流程图

【例 2.11】从键盘输入一分数，如果分数大于等于 60，输出该分数已及格；否则输出该分数不及格。程序代码如下：

```
using System；
```

```
using System. Collections. Generic;
using System. Linq;
using System. Text;
namespace ConsoleApplication8
{
    class Program
    {
        static void Main（string［］args）
        {
            int score = Convert. ToInt32（Console. ReadLine（））;
            /* 使用 if 语句检查布尔条件 */
            if（score >= 60）
            {
                /* 如果条件为真，则输出下面的语句 */
                Console. WriteLine（"该分数已及格"）;
            }
            else
            {
                /* 如果条件为假，则输出下面的语句 */
                Console. WriteLine（"该分数不及格"）;
            }
            Console. WriteLine（"score 的值是｛0｝", score）;
            Console. ReadLine（）;
        }
    }
}
```

2.6.3 多分支选择结构

if… else 语句是控制在某个条件下才执行某个功能，其语法格式为：

```
if（布尔表达式 1）
{
    代码段 1    /* 如果布尔表达式 1 为真将执行的语句 */
}
else if（布尔表达式 2）
{
    代码段 2    /* 如果布尔表达式 2 为真将执行的语句 */
}
else if（布尔表达式 3）
{
    代码段 3    /* 如果布尔表达式 3 为真将执行的语句 */
}
else
{
```

代码段 n   ／＊ 如果以上表达式都为假将执行的语句 ＊／
　　　}

如果条件 1 表达式为真，则执行程序块 1；如果条件 1 表达式为假，则判断条件 2 表达式，如果条件 2 表达式为真，则执行程序块 2；如果条件 2 表达式为假，则判断条件 3 表达式，依次类推；如果以上表达式都为假将执行程序块 n。执行过程如图 2.7 所示：

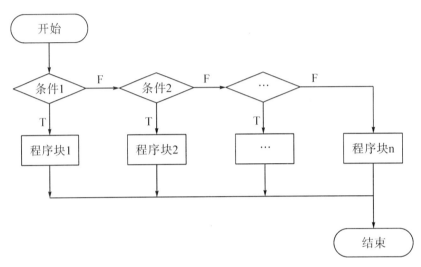

图 2.7   多分支选择结构流程图

【例 2.12】输入一个字符，判断是大写字母、小写字母、数字还是其他字符。程序代码如下：

```
using System;
using System. Collections. Generic;
using System. Linq;
using System. Text;
namespace ConsoleApplication8
{
    class Program
    {
        static void Main（string［］args）
        {
            char ch = Convert. ToChar（Console. ReadLine（））;
            string s = "";
            if（char. IsLower（ch））
                s ="小写字母";
            else if（char. IsUpper（ch））
                s ="大写字母";
            else if（char. IsNumber（ch））
```

```
                    s ="数字";
            else
                    s ="其他字符";
Console. WriteLine（s）;
Console. ReadLine（）;
        }
    }
}
```

【例 2.13】从键盘输入一个分数，输出成绩的等级。（90~100 为"优秀"，80~89
为"良好"，70~79 为"中等"，60~69 为"及格"，60 分以下为"不及格"），程序
代码如下：

```
using System;
using System. Collections. Generic;
using System. Linq;
using System. Text;
namespace ConsoleApplication8
{
    class Program
    {
        static void Main（string［］args）
        {
            int a = Convert. ToInt32（Console. ReadLine（））;
            string s = "";
            if（a >= 90）
                s ="优秀";
            else if（a >= 80）
                s ="良好";
            else if（a >= 70）
                s ="中等";
            else if（a >= 60）
                s ="及格";
            else
                s ="不及格";
            Console. WriteLine（s）;
            Console. ReadLine（）;
        }
    }
}
```

2.6.4 嵌套 if 语句

if 语句里面还有 if 语句，就叫嵌套 if 语句。C# 中嵌套 if 语句的语法：

```
if（布尔表达式 1）
{
    /* 当布尔表达式 1 为真时执行 */
    if（布尔表达式 2）
    {
        /* 当布尔表达式 2 为真时执行 */
    }
}
```

【例 2.14】用键盘输入你的性别和年龄，输出相应的信息。程序代码如下：

```
using System;
using System.Collections.Generic;
using System.Linq;
using System.Text;
namespace ConsoleApplication8
{
    class Program
    {
        static void Main（string [] args）
        {
            Console.Write（"请输入你的性别（男/女)"）；
            string sex=Console.ReadLine（）；
            if（sex=="女"）
            {
                Console.WriteLine（"美女你好!"）；
                Console.WriteLine（"请输入你的年龄"）；
                int age=Convert.ToInt32（Console.ReadLine（））；
                if（age>=18）
                {
                    Console.WriteLine（"女士你好! 你的年龄大于或等于
18 岁。"）；
                }
                else
                {
                    Console.WriteLine（" 姑娘你好! 你的年龄小于
18 岁。"）；
                }
            }
            else
            {
```

```
            Console. WriteLine （"帅哥你好!"）;
        }
        Console. ReadLine （）;
    }
}
```

2.6.5 switch 语句

switch 语句允许测试一个变量等于多个值时的情况。每个值称为一个 case，且被测试的变量会对每个 switch case 进行检查。

switch 语句的语法：

```
switch（表达式）
{
    case 常量表达式1：      语句1
    case 常量表达式2：      语句2
            ⋮
    case 常量表达式n：      语句n
    default：          语句n+1
}
```

switch 语句必须遵循下面的规则：

①switch 语句中的表达式必须是一个整型或枚举类型，或者是一个 class 类型，其中 class 有一个单一的转换函数可以将其转换为整型或枚举类型。

②在一个 switch 中可以有任意数量的 case 语句。每个 case 后跟一个要比较的值和一个冒号。

③case 的常量表达式必须与 switch 中的变量具有相同的数据类型，且必须是一个常量。

④当被测试的变量等于 case 中的常量时，case 后跟的语句将被执行，直至遇到 break 语句。

⑤当遇到 break 语句时，switch 终止，控制流将跳转到 switch 语句后的下一行。

⑥不是每一个 case 都需要包含 break。如果 case 语句为空，则可以不包含 break，控制流将会继续执行后续的 case，直到遇到 break 为止。

⑦C# 不允许从一个开关部分继续执行到下一个开关部分。如果 case 语句中有处理语句，则必须包含 break 或其他跳转语句。

⑧一个 switch 语句可以有一个可选的 default case，出现在 switch 的结尾。default case 可在上面所有 case 都不为真时执行一个任务。default case 中的 break 语句不是必需的。

【例2.15】用键盘输入一成绩，并输出成绩的等级。程序代码如下：

```
using System;
using System. Collections. Generic;
```

```
using System. Linq;
using System. Text;
namespace ConsoleApplication8
{
    class Program
    {
        static void Main（string［］args）
        {
            int a = Convert. ToInt32（Console. ReadLine（））;
            string s = ""；
            switch（a／10）
            {
                case 10：
                case 9：s = "优秀"；break；
                case 8：s = "良好"；break；
                case 7：s = "中等"；break；
                case 6：s = "及格"；break；
                default：s = "不及格"；break；
            }
            Console. WriteLine（s）；
            Console. Read（）；
        }
    }
}
```

2.6.6 嵌套 switch 语句

C#中可以把一个 switch 作为一个外部 switch 的语句序列的一部分，即可以在一个 switch 语句内使用另一个 switch 语句。即使内部和外部 switch 的 case 常量包含共同的值，也不矛盾。

C# 中嵌套 switch 语句的语法：

```
switch（ch1）
{
    case 'A'：
        printf（"这个 A 是外部 switch 的一部分"）；
        switch（ch2）
        {
            case 'A'：
                printf（"这个 A 是内部 switch 的一部分"）；
                break；
```

```
            case 'B': /* 内部 B case 代码 */
        }
            break;
    case 'B': /* 外部 B case 代码 */
}
```

2.6.7 ?: 运算符

C#中条件运算符（?:）可以用来替代 if…else 语句。它的一般形式如下：

Exp1 ? Exp2 : Exp3；其中，Exp1、Exp2 和 Exp3 是表达。"?"表达式的值是由
Exp1 决定的。如果 Exp1 为真，则计算 Exp2 的值，结果即为整个（?:）表达式的值。
如果 Exp1 为假，则计算 Exp3 的值，结果即为整个（?:）表达式的值。

【例2.16】从键盘输入两个数，分别赋值给变量 a 和 b，如果 a<b，输出 a，否则
输出 b。程序代码如下：

```
using System;
using System. Collections. Generic;
using System. Linq;
using System. Text;
namespace ConsoleApplication8
{
    class Program
    {
        static void Main（string［］args）
        {
            int a = Convert. ToInt32（Console. ReadLine（））;
            int b = Convert. ToInt32（Console. ReadLine（））;
            Console. WriteLine（a < b ? a : b）;
            Console. Read（）;
        }
    }
}
```

当上面的代码被编译和执行时，执行结果显示为"3"。

2.7 循环结构

2.7.1 while 循环

While 循环用来在指定条件内重复执行一个语句或语句块。只要给定的条件为真，
C#中的 while 循环语句会重复执行一个目标语句。

C# 中 while 循环的语法：

while（条件表达式）

{

　　语句块；

}

如果条件表达式为真，则执行循环体语句，条件表达式为假则跳出循环，执行循环下一条语句。执行过程如图 2.8 所示：

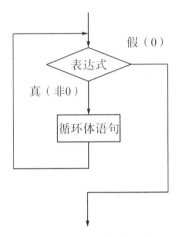

图 2.8　while 循环流程图

while 循环可能一次都不会执行。当条件被测试且结果为假时，会跳过循环体，直接执行紧接着 while 循环的下一条语句。

【例 2.17】用键盘输入一成绩，如果成绩不在 0～100 之间，则继续输入，直到输入成绩合法，则输出成绩的等级。程序代码如下：

```csharp
using System;
using System. Collections. Generic;
using System. Linq;
using System. Text;
namespace ConsoleApplication8
{
    class Program
    {
        static void Main（string［］args）
        {
            int a；
            while（true）
            {
                a = Convert. ToInt32（Console. ReadLine（））；
                if（a >= 0 && a <= 100）
```

```
            break;
        }
        string s = "";
        switch (a / 10)
        {
            case 10:
            case 9: s = "优秀"; break;
            case 8: s = "良好"; break;
            case 7: s = "中等"; break;
            case 6: s = "及格"; break;
            default: s = "不及格"; break;
        }
        Console. WriteLine (s);
        Console. Read ();
        }
    }
}
```

2.7.2　for 循环

for 语句循环重复执行一个语句或语句块，直到指定的表达式计算为 false。C# 中 for 循环的语法：

```
for (初始化表达式；布尔表达式；变量更新表达式)
{
循环体；
}
```

下面是 for 循环的控制流程：

①初始化表达式会首先被执行，且只会执行一次。这一步允许用户声明并初始化任何循环控制变量。用户也可以不在这里写任何语句，只写一个分号，但必须在循环语句之前先定义变量并初始化变量。

②接下来，for 循环会判断布尔表达式。如果为真，则执行循环体。如果为假，则不执行循环体，且控制流会跳转到紧接着 for 循环的下一条语句。

③在执行完 for 循环主体后，控制流会跳回上面的变量更新表达式语句。该语句可以留空，只写一个分号，但变量更新语句必须有。

④重复②、③步骤，直至退出循环。

【例 2.18】操场上 100 多人排队，3 人一组多 1 人，4 人一组多 2 人，5 人一组多 3 人，共有多少人？程序代码如下：

```
using System;
using System. Collections. Generic;
using System. Linq;
```

```
using System. Text;
namespace ConsoleApplication8
{
    class Program
    {
        static void Main（string［］args）
        {
            int i;
            for（i = 100；i < 200；i++）
            {
                if（i % 3 = = 1 && i % 4 = = 2 && i % 5 = = 3）
                Console. WriteLine（i）；
            }
            Console. Read（）；
        }
    }
}
```

当上面的代码被编译和执行时，它会产生下列结果：

118

178

2.7.3 foreach 循环

foreach 循环可以迭代数组或者一个集合对象，提供了一种简单、明了的方法来循环访问数组的元素。

以下实例有三个部分：

①通过 foreach 循环输出字符串数组中的元素。

②通过 for 循环输出字符串数组中的元素。

③foreach 输出 ArrayList 类中的元素。

【例 2.19】定义一字符串数组，分别用 foreach 和 for 循环输出数组，再定义一 ArrayList 类，用 add 方法添加元素后用 foreach 循环输出。程序代码如下：

```
using System;
using System. Collections. Generic;
using System. Linq;
using System. Text;
using System. Collections;
namespace ConsoleApplication8
{
    class Program
    {
```

```
static void Main (string [ ] args)
    {
        string [ ] str = new string [ ] { "abcde", "abcd", "abc" };
        foreach (string s in str); //使用 foreach 循环输出数组元素
            Console. WriteLine (s);
        for (int i = 0; i < str. Length; i++); //使用 for 循环输出数组元素
            Console. WriteLine (str [i] );
        ArrayList arr = new ArrayList ();
        arr. Add ("abcde");
        arr. Add ("abcd");
        arr. Add ("abc");
        foreach (string s in arr); //foreach 循环循环 ArrayList 类
            Console. WriteLine (s);
        Console. Read ();
    }
    }
}
```

2.7.4 do...while 循环

do...while 循环是在循环的尾部检查它的条件；而 for 和 while 循环，它们是在循环头部测试循环条件。所以即使条件一开始就不成立，do...while 也会确保至少执行一次循坏。C# 中 do...while 循环的语法：

```
do
{
循环体;
} while (布尔表达式);
```

如果布尔表达式为真，控制流会跳转回上面的 do，然后重新执行循环中的循环体。这个过程会不断重复，直到给定条件变为假为止。

【例 2.20】输出 100 至 200 之间除以 3 余数为 1、除以 4 余数为 2、除以 5 余数为 3 的数。程序代码如下：

```
using System;
using System. Collections. Generic;
using System. Linq;
using System. Text;
namespace ConsoleApplication8
{
    class Program
    {
        static void Main (string [ ] args)
        {
```

```
                    int i = 100；
                    do
                      {
                        if ( i % 3 = = 1 && i % 4 = = 2 && i % 5 = = 3)
                            Console. WriteLine （i）；
                      i++；
                    } while （i < 200）；
                    Console. Read （ ）；
                }
            }
    }
```

当上面的代码被编译和执行时，它会产生下列结果：

118

178

2.7.5　嵌套循环

C# 允许在一个循环内使用另一个循环，嵌套 for 循环语句的语法：

for （ 赋初值表达式 1；布尔表达式 1；变量更新表达式 1 ）

　｛

for （ 赋初值表达式 2；布尔表达式 2；变量更新表达式 2 ）

　｛

循环体；

　｝

循环体；

　｝

其他循环嵌套与 for 循环嵌套类似。

【例 2.21】使用 for 循环嵌套打印乘法口诀表时，程序代码如下：

```
using System；
using System. Collections. Generic；
using System. Linq；
using System. Text；
using System. Collections；
namespace ConsoleApplication8
{
    class Program
    {
        static void Main （string ［ ］ args）
        {
            int i, j；
```

```
                for (i = 1; i <= 9; i++)
                {
                    string s = "";
                    for (j = 1; j <= i; j++)
                        s = s +Convert. ToString (j) + " * " + Convert. ToString
(i) + " =" + Convert. ToString (i * j) + "";
            Console. WriteLine (s);
                }
            Console. Read ();
                }
            }
        }
```

【例 2.22】打印出所有的"水仙花数"，所谓"水仙花数"是指一个三位数，其各位数字立方和等于该数本身例如：153 是一个"水仙花数"，因为 $153 = 1^3 + 5^3 + 3^3$。程序代码如下：

```
using System;
using System. Collections. Generic;
using System. Linq;
using System. Text;
using System. Collections;
namespace ConsoleApplication8
{
    class Program
    {
        static void Main (string [] args)
        {
            int a, b, c, s;
            for (a=1; a<10; a++)
            {
                for (b=0; b<10; b++)
                {
                    for (c=0; c<10; c++)
                    {
                        s=100 * a+10 * b+c;
                        if (s== (a * a * a+b * b * b+c * c * c))
                        Console. WriteLine (s);
                    }
                }
            }
        }
```

```
Console. Read（）；
                }
            }
        }
```

2.7.6 循环控制语句

C#中的循环控制语句，主要是 break 和 continue。break 是结束整个循环，执行循环外的下一条语句；而 continue 是结束本次循环（跳过循环体中剩余的语句而执行下一次循环）。

2.7.6.1 break 语句

当 break 语句出现在一个循环内时，循环会立即终止，且程序流将继续执行紧接着循环的下一条语句。如果是嵌套循环（即一个循环内嵌套另一个循环），break 语句会停止执行最内层的循环，然后开始执行该块之后的下一行代码。

【例 2.23】循环输出 1 至 10 的数字，如果遇到 5，结束整个循环。程序代码如下：

```
using System；
using System. Collections. Generic；
using System. Linq；
using System. Text；
using System. Collections；
namespace ConsoleApplication8
{
    class Program
    {
        static void Main（string［］args）
        {
            for（int i = 1；i <= 10；i++）
            {
                if（i == 5）
                {
                    break；//如果变量等于5，那么结束整个循环，因此只会
输出1234
                }
                Console. Write（i+" "）；
            }
            Console. ReadLine（）；
        }
    }
}
```

当上面的代码被编译和执行时，它会产生下列结果：

1 2 3 4

2.7.6.2 continue 语句

C# 中的 continue 会跳过当前循环中的代码，强迫开始下一次循环。对于 for 循环，continue 语句会导致执行布尔表达式和变量更新部分。对于 while 和 do...while 循环，continue 语句会导致程序控制执行布尔表达式。

【例 2.24】循环输出 1 至 10，如果遇到 5，则不输出。程序代码如下：

```
using System;
using System. Collections. Generic;
using System. Linq;
using System. Text;
using System. Collections;
namespace ConsoleApplication8
{
    class Program
    {
        static void Main (string [ ] args)
        {
            for (int i = 1; i <= 10; i++)
            {
                if (i == 5)
                {
                    continue; //如果变量 i 等于 5，那么结束本次循环，因此会输出 1234678910
                }
                Console. Write (i+" ");
            }
            Console. ReadLine ( );
        }
    }
}
```

当上面的代码被编译和执行时，它会产生下列结果：

1 2 3 4 6 7 8 9 10

2.8 数组（Array）

数组是包含若干相同类型的变量的集合，这些变量可以通过索引进行访问。数组的索引从 0 开始，数组中的变量称为数组的元素。数组能够容纳元素的数量称为数组的长度。数组可以分为一维、二维和多维数组。

2.8.1 声明数组

在 C#中声明一维数组，语法如下：

type ［ ］ arrayName；

其中，type：用于指定被存储在数组中的元素的类型。［ ］：指定数组的秩（维度）。秩指定数组的大小。arrayName：指定数组的名称。

例如：

double ［ ］ score；

2.8.2 初始化数组

声明一个数组不会在内存中初始化数组。当初始化数组变量时，用户可以赋值给数组。数组的初始化有很多形式。

①使用 new 关键字来创建数组的实例。

double ［ ］ score = new double ［8］；   //score 数组中的每个元素都初始化为 0

②使用索引号赋值给一个单独的数组元素。

double ［ ］ score = new double ［8］；

score ［0］ = 75.0；

③在声明数组的同时给数组赋值。

double ［ ］ score = ｛75.0，85.5，69.0｝；

④创建并初始化一个数组。

int ［ ］ price = new int ［5］｛78，92，74，59，67｝；

⑤如果给所有的元素赋值，可以省略数组的大小。

int ［ ］ price = new int ［ ］｛78，92，74，59，67｝；

2.8.3 访问数组元素

数组元素是通过带索引的数组名称来访问的。

例如：

double a = score ［4］；   //定义一个变量，并把 score ［4］ 这个元素值赋给该变量

【例 2.25】输出杨辉三角形（问题本质是二项式（a+b）的 n 次方展开后各项的系数排成的三角形，它的特点是左右两边全是 1，从第二行起，中间的每一个数是上一行里相邻两个数之和）。程序代码如下：

```
using System;
using System. Collections. Generic;
using System. Linq;
using System. Text;
using System. Collections;
namespace ConsoleApplication8
{
    class Program
    {
```

```
static void Main (string [ ] args)
{
    long [ , ] a = new long [10, 10];
    int i, j;
    for (i = 0; i < 10; i++)
    {
        a [i, 0] = 1;
        a [i, i] = 1;
    }
    for (i = 2; i < 10; i++)
    for (j = 1; j < i; j++)
            a [i, j] = a [i – 1, j – 1] + a [i – 1, j];
    for (i = 0; i < 10; i++)
    {
        for (j = 0; j <= 10–i; j++)
            Console. Write ("");
        for (j = 0; j <= i; j++)
        {
            if (a [i, j] < 10)
                Console. Write ("    " + a [i, j] );
            else if (a [i, j] < 100)
                Console. Write ("" + a [i, j] );
            else
                Console. Write (" " + a [i, j] );
        }
        Console. WriteLine ( );
    }
    Console. Read ( );
}
}
}
```

当上面的代码被编译和执行时，程序产生的结果如图 2.9 所示：

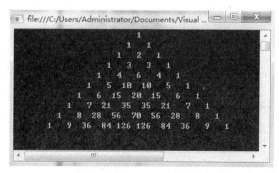

图 2.9　程序运行结果

【例2.26】用筛法求素数（用筛法求素数的基本思想是：把一组数逐步筛掉非素数留下素数，直到筛子为空时结束）。程序代码如下：

```
using System;
using System.Collections.Generic;
using System.Linq;
using System.Text;
using System.Collections;
namespace ConsoleApplication8
{
    class Program
    {
        static void Main (string [] args)
        {
            int [] a = new int [99];
            for (int i = 0; i < a.Length; i++)
                a [i] = i + 2;
            for (int i = 0; i < a.Length; i++)
            {
                for (int j = 2; j < a [i]; j++)
                    if (a [i] % j == 0)
                    {
                        a [i] = 0;
                        break;
                    }
            }
            for (int i = 0; i < a.Length; i++)
                if (a [i] ! = 0)
                    Console.Write (a [i] + " ");
            Console.Read ();
        }
    }
}
```

2.8.4　使用 foreach 循环

前面实例是使用 for 循环来访问数组元素，也可以使用 foreach 语句来遍历数组。

【例2.27】将两个数组合并为一个数组。程序代码如下：

```
using System;
using System.Collections.Generic;
using System.Linq;
```

```
using System. Text;
using System. Collections;
namespace ConsoleApplication8
{
    class Program
    {
        static void Main (string [] args)
        {
            int [] arr1 = new int [] { 1, 2, 3, 4, 5 };
            int [] arr2 = new int [] { 6, 7, 8, 9, 10 };
            int n = arr1. Length + arr2. Length;
            int [] arr3 = new int [n];
            for (int i = 0; i < arr3. Length; i++)
            {
                if (i < arr1. Length)
                    arr3 [i] = arr1 [i];
                else
                    arr3 [i] = arr2 [i - arr1. Length];
            }
            foreach (int i in arr1)
                Console. Write (i + " ");
            Console. WriteLine ();
            foreach (int i in arr2)
                Console. Write (i + " ");
            Console. WriteLine ();
            foreach (int i in arr3)
                Console. Write (i + " ");
            Console. WriteLine ();
            Console. Read ();
        }
    }
}
```

当上面的代码被编译和执行时，它会产生下列结果：

1 2 3 4 5

6 7 8 9 10

1 2 3 4 5 6 7 8 9 10

C# 支持多维数组。多维数组又称为矩形数组。

声明一个 string 变量的二维数组，如：

string ［, ］names；

声明一个 int 变量的三维数组，如：

int ［ , , ］m；

多维数组最简单的形式是二维数组。一个二维数组，在本质上，是一个一维数组的列表；数组中的每个元素使用形式为 a ［i, j］的元素名称来标识和访问，其中 a 是数组名称，i 和 j 是唯一标识 a 中每个元素的下标。

初始化二维数组，如：

```
int ［, ］a = new int ［3, 4］|
{0, 1, 2, 3} ,    /*   初始化索引号为 0 的行 */
{4, 5, 6, 7} ,    /*   初始化索引号为 1 的行 */
{8, 9, 10, 11}    /*   初始化索引号为 2 的行 */
|;
```

【例2.28】找出一个二维数组中的鞍点，即该位置上的元素在该行上最大，在该列上最小，也可能没有鞍点。程序代码如下：

```
using System；
using System. Collections. Generic；
using System. Linq；
using System. Text；
using System. Collections；
namespace ConsoleApplication8
{
    class Program
    {
        static void Main ( string ［ ］ args )
        {
            int i, j, m, n；
            bool flag = true；
            int k = 0；
            int ［, ］a = new int ［, ］| | 12, 18, 4, 7 } , | 14, 140, 55, 422 } ,
| 15, 16, 13, 12 } , | 16, 50, -1, 1 } | |；
            for ( i = 0; i < 4; i++)
            {
                m = 0；
                for ( j = 0; j < 4; j++)
                {
```

```
                    k = a [i, m];
                    if (k < a [i, j] )
                        m = j;
                }
                for (n = 0; n < 4; n++)
                if (k > a [n, m] )
                    {
                        flag = false;
                        break;
                    }
                if (flag)
                {
                        Console. Write (k);
                }
                flag = true;
            }
        Console. Read ();
        }
    }
}
```

当上面的代码被编译和执行时，它产生的结果是 16。

2.8.6　ArrayList 类

2.8.6.1　构造函数

ArrayList ()：默认构造函数，提供初始容量为 10 的空列表。

ArrayList (int initialCapacity)：构造一个具有指定初始容量的空列表。

ArrayList (Collection<? extends E> c)：构造一个包含指定 collection 的元素的列表，这些元素是按照该 collection 的迭代器返回它们的顺序排列的。

2.8.6.2　新增

ArrayList 提供了 add (E e)、add (int index, E element)、addAll (Collection<? extends E>c)、addAll (int index, Collection<? extends E> c)、set (int index, E element) 五个方法来实现 ArrayList 增加。

add (E e)：将指定的元素添加到此列表的尾部。

add (int index, E element)：将指定的元素插入此列表中的指定位置。

addAll (Collection<? extends E> c)：按照指定 collection 的迭代器所返回的元素顺序，将该 collection 中的所有元素添加到此列表的尾部。

addAll (int index, Collection<? extends E> c)：从指定的位置开始，将指定 collection 中的所有元素插入到此列表中。

set (int index, E element)：用指定的元素替代此列表中指定位置上的元素。

2.8.6.3 删除

ArrayList 提供了 remove（int index）、remove（Object o）、removeRange（int fromIndex, int toIndex）、removeAll（）四个方法进行元素的删除。

remove（int index）：移除此列表中指定位置上的元素。

remove（Object o）：移除此列表中首次出现的指定元素（如果存在）。

removeRange（int fromIndex, int toIndex）：移除列表中索引在 fromIndex（包括）和 toIndex（不包括）之间的所有元素。

removeAll（）：是继承自 AbstractCollection 的方法，ArrayList 本身并没有提供实现。

【例 2.29】ArrayList 的定义及方法应用。程序代码如下：

```
using System;
using System. Collections. Generic;
using System. Linq;
using System. Text;
using System. Collections;
namespace ConsoleApplication8
{
    class Program
    {
        static void Main（string [] args）
        {
            ArrayList list = new ArrayList（）;
            list. Add（"物联网"）;
            list. Add（"计算机科学与技术"）;
            list. Add（"网络工程"）;
            foreach（string i in list）
                Console. Write（i + " "）;
            Console. WriteLine（）;
            int [] arr = new int [] {1, 2, 3, 4, 5, 6, 7, 8};
            ArrayList list1 = new ArrayList（arr）;
            list1. Add（9）;
            foreach（int i in list1）
                Console. Write（i + " "）;
            Console. WriteLine（）;
            ArrayList list2 = new ArrayList（5）;
            for（int i = 0; i < 7; i++）
                list2. Add（i）;
            foreach（int i in list2）
            Console. Write（i + " "）;
            Console. WriteLine（）;
```

```
        Console. Read（）;
    }
}
```

当上面的代码被编译和执行时，它会产生下列结果：

物联网　计算机科学与技术　网络工程

1　2　3　4　5　6　7　8　9

0　1　2　3　4　5　6

2.9　字符串（String）

在 C#中提供了 String 类，用来对字符串进行操作，这些操作在很大程度上方便了开发人员，而且使编写程序的灵活性大大增强。

2.9.1　String 类的属性

String 类的属性如表 2.12 所示：

表 2.12　String 类的属性

序号	属性	描述
1	Chars	在当前 String 对象中获取 Char 对象的指定位置
2	Length	在当前的 String 对象中获取字符数

2.9.2　String 类的方法

String 类有许多方法用于 string 对象的操作。最常用的方法如表 2.13 所示。

表 2.13　String 类的方法

序号	描述
1	public static int Compare（string strA, string strB）比较两个指定的 string 对象，并返回一个表示它们在排列顺序中相对位置的整数。该方法区分大小写
2	public static int Compare（string strA, string strB, bool ignoreCase）比较两个指定的 string 对象，并返回一个表示它们在排列顺序中相对位置的整数。但是，如果布尔参数为真时，该方法不区分大小写
3	public static string Concat（string str0, string str1）连接两个 string 对象
4	public static string Concat（string str0, string str1, string str2）连接三个 string 对象
5	public static string Concat（string str0, string str1, string str2, string str3）连接四个 string 对象
6	public bool Contains（string value）返回一个表示指定 string 对象是否出现在字符串中的值
7	public static string Copy（string str）创建一个与指定字符串具有相同值的新的 String 对象

ASP．NET Web 应用系统开发（C＃）

序号	描述
8	public void CopyTo（int sourceIndex，char［］destination，int destinationIndex，int count）从 string 对象的指定位置开始复制指定数量的字符到 Unicode 字符数组中的指定位置
9	public bool EndsWith（string value）判断 string 对象的结尾是否匹配指定的字符串
10	public bool Equals（string value）判断当前的 string 对象是否与指定的 string 对象具有相同的值
11	public static bool Equals（string a，string b）判断两个指定的 string 对象是否具有相同的值
12	public static string Format（string format，Object arg0）把指定字符串中一个或多个格式项替换为指定对象的字符串表示形式
13	public int IndexOf（char value）返回指定 Unicode 字符在当前字符串中第一次出现的索引，索引从 0 开始
14	public int IndexOf（string value）返回指定字符串在该实例中第一次出现的索引，索引从 0 开始
15	public int IndexOf（char value，int startIndex）返回指定 Unicode 字符从该字符串中指定字符位置开始搜索第一次出现的索引，索引从 0 开始
16	public int IndexOf（string value，int startIndex）返回指定字符串从该实例的指定字符位置开始搜索第一次出现的索引，索引从 0 开始
17	public int IndexOfAny（char［］anyOf）返回某一个指定的 Unicode 字符数组中任意字符在该实例中第一次出现的索引，索引从 0 开始
18	public int IndexOfAny（char［］anyOf，int startIndex）返回某一个指定的 Unicode 字符数组中任意字符在该实例中指定字符位置开始搜索第一次出现的索引，索引从 0 开始
19	public string Insert（int startIndex，string value）返回一个新的字符串，其中，指定的字符串被插入在当前 string 对象的指定索引位置
20	public static bool IsNullOrEmpty（string value）指示指定的字符串是否为 null 或者是否为一个空的字符串
21	public static string Join（string separator，string［］value）连接一个字符串数组中的所有元素，使用指定的分隔符分隔每个元素
22	public static string Join（string separator，string［］value，int startIndex，int count）连接一个字符串数组中的指定位置开始的指定元素，使用指定的分隔符分隔每个元素
23	public int LastIndexOf（char value）返回指定 Unicode 字符在当前 string 对象中最后一次出现的索引位置，索引从 0 开始
24	public int LastIndexOf（string value）返回指定字符串在当前 string 对象中最后一次出现的索引位置，索引从 0 开始
25	public string Remove（int startIndex）移除当前实例中的所有字符，从指定位置开始，一直到最后一个位置为止，并返回字符串
26	public string Remove（int startIndex，int count）从当前字符串的指定位置开始移除指定数量的字符，并返回字符串
27	public string Replace（char oldChar，char newChar）把当前 string 对象中，所有指定的 Unicode 字符替换为另一个指定的 Unicode 字符，并返回新的字符串

序号	描述
28	public string Replace （ string oldValue, string newValue ） 把当前 string 对象中，所有指定的字符串替换为另一个指定的字符串，并返回新的字符串
29	public string ［ ］ Split （ params char ［ ］ separator ） 返回一个字符串数组，包含当前的 string 对象中的子字符串，子字符串是使用指定的 Unicode 字符数组中的元素进行分隔的
30	public string ［ ］ Split （ char ［ ］ separator, int count ） 返回一个字符串数组，包含当前的 string 对象中的子字符串，子字符串是使用指定的 Unicode 字符数组中的元素进行分隔的。int 参数指定要返回的子字符串的最大数目
31	public bool StartsWith （ string value ） 判断字符串实例的开头是否匹配指定的字符串
32	public char ［ ］ ToCharArray （ ） 返回一个带有当前 string 对象中所有字符的 Unicode 字符数组
33	public char ［ ］ ToCharArray （ int startIndex, int length ） 返回一个带有当前 string 对象中所有字符的 Unicode 字符数组，从指定的索引开始，直到指定的长度为止
34	public string ToLower （ ） 把字符串转换为小写并返回
35	public string ToUpper （ ） 把字符串转换为大写并返回
36	public string Trim （ ） 移除当前 String 对象中的所有前导空白字符和后置空白字符

【例 2.30】用键盘输入一个字符串，分别转换为大写和小写后输出。程序代码如下：

```
using System;
using System. Collections. Generic;
using System. Linq;
using System. Text;
using System. Collections;
namespace ConsoleApplication8
{
    class Program
    {
        static void Main （ string ［ ］ args )
        {
            string s = " ";
            s = Convert. ToString （ Console. ReadLine （ ） );
            Console. WriteLine （ s. ToUpper （ ） );
            Console. WriteLine （ s. ToLower （ ） );
            Console. Read （ );
        }
    }
}
```

【例 2.31】比较两个字符串的大小。程序代码如下：

```
using System;
```

2　C # 语言基础

```
using System. Collections. Generic;
using System. Linq;
using System. Text;
using System. Collections;
namespace ConsoleApplication8
{
    class Program
    {
        static void Main (string [ ] args)
        {
            string str = "abc";
            Console. WriteLine (str. CompareTo ("abc"));
            Console. WriteLine (str. CompareTo ("ab"));
            Console. WriteLine (str. CompareTo ("abcd"));
            Console. WriteLine (string. Compare (str, "abc"));
            Console. WriteLine (string. Compare (str, "ab"));
            Console. WriteLine (string. Compare (str, "abcd"));
            Console. WriteLine (string. Equals (str, "abc"));
            Console. Read ();
        }
    }
}
```

当上面的代码被编译和执行时，它会产生下列结果：

```
0
1
-1
0
1
-1
True
```

【例 2.32】截取字符串（输入身份证号码计算年龄）。程序代码如下：

```
using System;
using System. Collections. Generic;
using System. Linq;
using System. Text;
using System. Collections;
namespace ConsoleApplication8
{
```

```
class Program
{
    static void Main (string [] args)
    {
        string str = Convert. ToString (Console. ReadLine () );
        string str1 = str. Substring (6, 4) + " -" + str. Substring (10, 2)
+ " -" + str. Substring (12, 2);
        DateTime dt1 = DateTime. Now;
        DateTime dt2 = Convert. ToDateTime (str1);
        int age = dt1. Year - dt2. Year;
        if ( (dt1. Month < dt2. Month) // (dt1. Month = = dt2. Month) &&
(dt1. Day < dt2. Day) )
                age--;
        Console. Write (age);
        Console. Read ();
    }
}
}
```

【例 2.33】定位字符串。程序代码如下:

```
using System;
using System. Collections. Generic;
using System. Linq;
using System. Text;
using System. Collections;
namespace ConsoleApplication8
{
    class Program
    {
        static void Main (string [] args)
        {
            string str = " abcd";
            int m = str. IndexOf (" b");
            Console. Write (m);
            Console. Read ();
        }
    }
}
```

当上面的代码被编译和执行时,它产生的结果是1。

【例2.34】从键盘输入一个字符串，把大写字母转小写、小写字母转大写、数字加2、其他字符不变。程序代码如下：

```
using System;
using System. Collections. Generic;
using System. Linq;
using System. Text;
using System. Collections;
namespace ConsoleApplication8
{
    class Program
    {
        static void Main（string［］args）
        {
            string str = Convert. ToString（Console. ReadLine（））;
            string str1 = "";
            for（int i = 0; i < str. Length; i++）
            {
                char ch = Convert. ToChar（str. Substring（i, 1））;
                if（char. IsLower（ch））
                    str1 = str1+Convert. ToString（char. ToUpper（ch））;
                else if（char. IsUpper（ch））
                    str1 = str1+Convert. ToString（char. ToLower（ch））;
                else if（char. IsNumber（ch））
                    str1 = str1+Convert. ToString（Convert. ToChar（Convert. ToInt32（ch）+2））;
                else
                    str1 = str1 +Convert. ToString（ch）;
            }
            Console. WriteLine（str）;
            Console. WriteLine（str1）;
            Console. Read（）;
        }
    }
}
```

【例2.35】分割字符串（从键盘输入一句话，输出单词及单词的个数）。程序代码如下：

```csharp
using System;
using System.Collections.Generic;
using System.Linq;
using System.Text;
using System.Collections;
namespace ConsoleApplication8
{
    class Program
    {
        static void Main (string [] args)
        {
            string str = Convert.ToString (Console.ReadLine ());
            string [] s = str.Split (new char [] { ' ', '!' });
            int i = 0;
            foreach (string ss in s)
            {
                if (ss.Trim () ! = "")
                {
                    Console.WriteLine (ss);
                    i++;
                }
            }
            Console.WriteLine (i);
            Console.Read ();
        }
    }
}
```

【例 2.36】插入填充字符串、替换字符串。(用 "＊" 号输出一个等腰三角形)。
程序代码如下：

```csharp
using System;
using System.Collections.Generic;
using System.Linq;
using System.Text;
using System.Collections;
namespace ConsoleApplication8
{
```

```
class Program
{
    static void Main (string [ ] args)
    {
        string str;
        for (int i = 1; i < 4; i++)
        {
            str = "";
            for (int j = 1; j < 2 * i; j++)
                str = str +" * ";
            string str1 = str. PadLeft (i + 2, '1');
            Console. WriteLine (str1. Replace ("1", " "));
        }
        Console. Read ();
    }
}
```

2.9.3 结构体（struct）

在 C#中，结构体（struct）指的是一种数据结构，是 C#语言中聚合数据类型（aggregate data type）的一类。结构体可以被声明为变量、指针或数组等，用以实现较复杂的数据结构。结构体同时也是一些元素的集合，这些元素称为结构体的成员（member），且这些成员可以为不同的类型，成员一般用名字访问。

结构体的声明方法：

```
public struct stu
{
    public int sno;      //学号
    public string sname;    //姓名
    public string ssex;     //性别
    public int sage;        //年龄
    public bool sfzd; //是否在读
}
```

【例 2.37】结构体的用法实例。程序代码如下：

```
using System;
using System. Collections. Generic;
using System. Linq;
```

```
using System. Text;
using System. Collections;
public struct stu
{
        public int sno;                    //学号
        public string sname;          //姓名
        public string ssex;            //性别
        public int sage;                 //年龄
        public bool sfzd;               //是否在读
}
namespace ConsoleApplication8
{
        class Program
        {
            static void Main (string [] args)
            {
                stu s1;
                s1. sno = 123;
                s1. sname ="张三";
                s1. ssex ="男";
                s1. sage = 18;
                s1. sfzd =true;
                Console. WriteLine ("{0}, {1}, {2}, {3}, {4}", s1. sno,
s1. sname, s1. ssex, s1. sage, s1. sfzd);
                Console. Read ();
            }
        }
}
```

当上面的代码被编译和执行时，它会产生下列结果：

123，张三，男，18，true

2.9.4 枚举 (enum)

枚举是一组命名整型常量。在程序设计中，有时会用到由若干个有限数据元素组
成的集合，如一周内的星期一到星期日七个数据元素组成的集合，由三种颜色红黄绿
组成的集合，一个工作班组内十个职工组成的集合等，程序中某个变量取值仅限于集
合中的元素。此时，我们可将这些数据集合定义为枚举类型。枚举类型是使用 enum 关

键字声明的。

声明枚举的一般语法，如：

```csharp
public enum TimeOfDay
    {
        moning = 0,
        afternoon = 1,
        evening = 2,
    }
```

【例2.38】下面的实例演示了枚举变量的用法。程序代码如下：

```csharp
using System;
using System. Collections. Generic;
using System. Linq;
using System. Text;
using System. Collections;
namespace ConsoleApplication8
{
    public enum TimeOfDay
    {
        moning = 0,
        afternoon = 1,
        evening = 2,
    };
    class Program
    {
        static void Main (string [] args)
        {
            foreach (int i in Enum. GetValues (typeof (TimeOfDay)))
                Console. Write (i + "");
            Console. WriteLine ();
            foreach (string i in Enum. GetNames (typeof (TimeOfDay)))
                Console. Write (i + "");
            Console. WriteLine ();
            Console. WriteLine (Enum. GetName (typeof (TimeOfDay), 0));
            TimeOfDay time2 = (TimeOfDay) Enum. Parse (typeof (TimeOfDay),
"evening", true);
            Console. WriteLine (time2);
```

```
              Console. Read ( ) ;

          }

      }

  }
```

当上面的代码被编译和执行时，产生结果如图 2.10 所示：

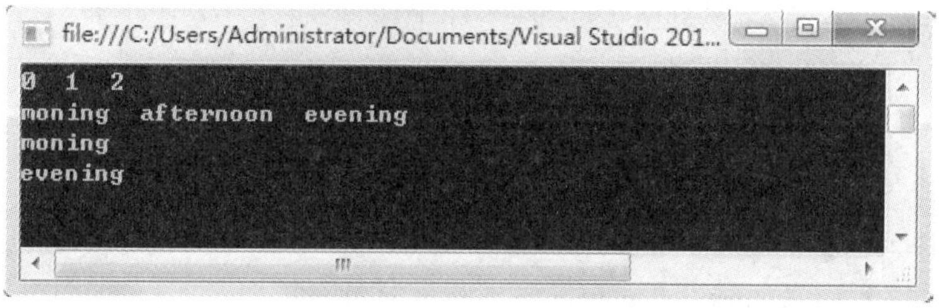

图 2.10　程序运行结果

2.10　类（Class）

类是一种数据结构，它可以封装数据成员、函数成员和其他的类。C#所有的语句都必须位于类内，因此，类是 C#语言的核心和基本构成模块。C#支持自定义类，使用 C#编程就是通过编写自己的类来描述实际需要解决的问题。

类的声明形式：

［类修饰符］class［类名］［基类或接口］

{

　　［类体］

}

如：

```
public class bb
    {
        public int aa = 3;
}
```

【例 2.39】类的声明和使用方法。程序代码如下：

```
using System;
using System. Collections. Generic;
using System. Linq;
using System. Text;
using System. Collections;
```

```
namespace ConsoleApplication8
{
    class Program
    {
        class bb
        {
            public int aa = 3;
            public int b = 2;
            public int c ()
            {
                return aa * b;
            }
        }
        static void Main (string [] args)
        {
            bb cc = new bb ();              //实例化类 bb
            Console. WriteLine (cc. aa);     //引用类的属性
            Console. WriteLine (cc. c ());    //调用类的方法
            Console. Read ();
        }
    }
}
```

当上面的代码被编译和执行时，它会产生下列结果：

3

6

习题

1. 接受用户输入的两个整数，存储到两个变量里面，交换变量存储的值。

2. 从键盘输入一个三位的正整数，按数字的相反顺序输出。

3. 编写一个程序，对输入的 4 个整数，求出其中的最大值和最小值，并显示出来。

4. 求出 1~1 000 之间的所有能被 7 整除的数，并计算和输出每 5 个数的和。

5. 编写一个掷筛子 100 次的程序，并打印出各种点数的出现次数。

6. 一个控制台应用程序，要求完成下列功能：

（1）接收一个整数 n。

（2）如果接收的值 n 为正数，输出 1~n 间的全部整数。

（3）如果接收的值 n 为负值，用 break 或者 return 退出程序。

（4）如何 n 为 0 的话 转到 1 继续接收下一个整数。

7. 3 个可乐瓶可以换一瓶可乐，现在有 364 瓶可乐。问一共可以喝多少瓶可乐？剩下几个空瓶？

8. 编写一个应用程序用来输入的字符串进行加密，对于字母字符串加密规则如下：'a'→'d''b'→'e''w'→'z'……'x'→'a''y'→'b''z'→'c''A'→'D''B'→'E''W'→'Z'……'X'→'A''Y'→'B''Z'→'C'？对于其他字符，不进行加密。

3 | ASP.net 内置对象

3.1　Response　对象

Response 对象用于将数据从服务器向浏览器发送。它允许将数据作为请求的结果发送到浏览器中，并提供有关响应的信息。另外，它还可以用来在页面中输入数据、跳转或者传递页面中的参数。

Response 对象属性描述如表 3.1 所示：

表 3.1　Response 对象属性

属性	描述
Buffer	获取或设置一个值，该值指示是否缓冲输出，并在完成处理整个响应之后将其发送
Cache	获取 web 页的缓存策略，如过期时间、保密性、变化子句等
Charset	设定或获取 HTTP 的输出字符编码
Expires	设置页面在失效前的浏览器缓存时间（分钟）
ExpiresAbsolute	设置浏览器上页面缓存失效的日期和时间
IsClientConnected	指示客户端是否已从服务器断开
Cookies	获取当前请求的 cookie 集合
Status	规定由服务器返回的状态行的值

Response 对象方法描述如表 3.2 所示：

表 3.2　Response 对象方法

方法	描述
AddHeader	将一个 HTTP 头添加到输出流

方法	描述
AppendToLog	将自定义日志信息添加到 IIS 日志文件
Clear	将缓冲区内容清除
End	将目前缓冲区中所有的内容发送至客户端然后关闭
Flush	将缓冲区中所有的数据发送至客户端
Redirect	将网页重新导向另一个地址
Write	将数据输出到客户端
WriteFile	将指定的文件直接写入 HTTP 内容输出流

【例 3.1】 Response 对象通过 Write 或 WriteFile 方法在页面上输出数据。程序代码如下：

```
char ch = 'a';
string s = "Hello World!";
char [ ] arr = { 'H', 'e', 'l', 'l', 'o', ' ', 'W', 'o', 'r', 'l', 'd' };
        Response. Write ("输出字符:");
        Response. Write (ch);
        Response. Write ("</br>");
        Response. Write ("输出字符串:");
        Response. Write (s);
        Response. Write ("</br>");
        Response. Write ("输出数组:");
        foreach (char ch1 in arr)
        Response. Write (ch1);
        Response. Write ("</br>");
        Response. Write ("输出文件:");
        Response. WriteFile (@"D：\ \ ceshi. txt");
```

当上面的代码被编译和执行时，产生结果如图 3.1 所示：

图 3.1　程序运行结果

3.2 Request 对象

当用户打开 Web 浏览器，并从网站请求 Web 页时，Web 服务器会接收一个 HTTP 请求，该请求包含用户、用户的计算机、页面以及浏览器的相关信息，这些信息将被完整地封装。当浏览器向服务器请求页面时，这个行为就被称为一个 request（请求）。Request 对象用于从用户那里获取信息。

Request 对象属性描述如表 3.3 所示：

表 3.3 Request 对象属性

属性	描述
ApplicationPath	获取服务器上 ASP. NET 应用程序虚拟应用程序的根目录路径
Browser	获取或设置有关正在请求的客户端浏览器的功能信息
Cookies	获取客户端发送的 Cookie 集合
FilePath	获取当前请求的虚拟路径
Files	获取采用大部分 MIME 格式的由客户端上传的文件集合
Form	获取窗体变量集合
Item	从 Cookies、Form、QueryString 或 ServerVariables 集合中获取指定的对象
Path	获取当前请求的虚拟路径
QueryString	获取 HTTP 查询字符串变量集合
UserHostAddress	获取远程客户端 IP 主机地址

Request 对象方法描述如表 3.4 所示：

表 3.4 Request 对象方法

方法	描述
MapPath	将当前请求的 URL 中的虚拟路径映射到服务器上的物理路径
SaveAs	将 HTTP 请求保存到磁盘

3.2.1 获取页面间传送的值

获取页面间传送的值可以使用 Request 对象的 QueryString 属性实现，使用 QueryString 属性获取的字符串是跟在 URL 后面的变量及其值，他们以"?"与 URL 分割，多个变量以"&"分割。

【例 3.2】本实例演示如何在链接中向页面发送查询信息，并在目标页面取回这些信息（本实例中是同一网站）。程序代码如下：

链接页面：

```
<form id="form1" runat="server">
    <div>
```

```
<a href="Default3. aspx? sno=20180101&sname=王五">页面间传值测试</a>
</div>
</form>
```

目标页面：
```
protected void Page_Load (object sender, EventArgs e)
  {
      string sno = Request. QueryString ["sno"];
      string sname = Request. QueryString ["sname"];
      Response. Write (sno + "</br>" + sname);
  }
```

【例 3.3】 本例演示如何使用 QueryString 集合从表单取回值（此表单使用 GET 方法，这意味着所发送的信息对用户来说是可见的）。程序代码如下：

```
<form id="form1" runat="server" action="Default2. aspx" method="get">
<div>
<input type="text" name="sno" /><br />
<input type="text" name="sname" /><br/>
<input type="submit" value="提交" />
</div>
</form>
<%
    string sno;
    string sname;
    sno = Request. QueryString ["sno"];
    sname = Request. QueryString ["sname"];
    Response. Write (sno);
    Response. Write ("<br/>");
    Response. Write (sname);
%>
```

【例 3.4】 获取客户端浏览器信息，此实例可以使用 request 对象的 Browser 属性实现。程序代码如下：

```
<script runat="server">
    void Page_Load (object sender, EventArgs e)
    {
        HttpBrowserCapabilities bc = Request. Browser;
        list. Text = "";
        list. Text += "操作系统:" + bc. Platform + "<br>";
        list. Text += "是否是 Win16 系统:" + bc. Win16 + "<br>";
        list. Text += "是否是 Win32 系统:" + bc. Win32 + "<br>";
        list. Text += "---<br>";
```

```
            list. Text += "浏览器:" + bc. Browser + "<br>";
            list. Text += "浏览器标识:" + bc. Id + "<br>";
            list. Text += "浏览器版本:" + bc. Version + "<br>";
            list. Text += "浏览器 MajorVersion:" + bc. MajorVersion. ToString（）+ "
<br>";
            list. Text += "浏览器 MinorVersion:" + bc. MinorVersion. ToString（）+ "
<br>";
            list. Text += "浏览器是否是测试版本:" + bc. Beta. ToString（）+ "<br>";
            list. Text += "是否是 America Online 浏览器:" + bc. AOL + "<br>";
            list. Text += "客户端安装的 . NET Framework 版本:" + bc. ClrVersion + "
<br>"; //即使安装了 . NET Framework，如果不是 IE 浏览器，检测版本都是 0. 0。
            list. Text += "是否是搜索引擎的网络爬虫:" + bc. Crawler + "<br>";
            list. Text += "是否是移动设备:" + bc. IsMobileDevice + "<br>";
            list. Text += "---<br>";
            list. Text += "显示的颜色深度:" + bc. ScreenBitDepth + "<br>";
            list. Text+="显示的近似宽度（以字符行为单位）:"+bc. ScreenCharactersWidth+"
<br>";
            list. Text+="显示的近似高度（以字符行为单位）:"+bc. ScreenCharactersHeight+"
<br>";
            list. Text+="显示的近似宽度（以像素行为单位）:"+bc. ScreenPixelsWidth+"
<br>";
            list. Text+="显示的近似高度（以像素行为单位）:"+bc. ScreenPixelsHeight+"
<br>";
            list. Text += "---<br>";
            list. Text += "是否支持 CSS:" + bc. SupportsCss + "<br>";
            list. Text += "是否支持 ActiveX 控件:"+ bc. ActiveXControls. ToString（）+ "
<br>";
            list. Text += "是否支持 JavaApplets:" + bc. JavaApplets. ToString（）+ "
<br>";
            list. Text += "是否支持 JavaScript:" + bc. JavaScript. ToString（）+ "
<br>";
            list. Text += "JScriptVersion:"+ bc. JScriptVersion. ToString（）+ "<br>";
            list. Text += "是否支持 VBScript:"+ bc. VBScript. ToString（）+ "<br>";
            list. Text += "是否支持 Cookies:"+ bc. Cookies + "<br>";
            list. Text += "支持的 MSHTML 的 DOM 版本:" + bc. MSDomVersion + "
<br>";
            list. Text += "支持的 W3C 的 DOM 版本:" + bc. W3CDomVersion + "
<br>";
            list. Text += "是否支持通过 HTTP 接收 XML:"+ bc. SupportsXmlHttp+ "
```

```
<br>";
            list. Text += "是否支持框架:" + bc. Frames. ToString () + "<br>";
            list. Text += "超链接 a 属性 href 值的最大长度:" + bc. MaximumHrefLength + "
<br>";
            list. Text += "是否支持表格:" + bc. Tables + "<br>";
        }
</script>
<body>
    <form id="form1" runat="server">
    <div>
        <asp: Label ID="list" runat="server"></asp: Label>
    </div>
    </form>
</body>
</body>
```

【例 3.5】本例演示如何使用 Form 集合从表单取回值。程序代码如下:

```
<form id="form1" runat="server" action="Default2. aspx" method="post">
<div>
<input type="text" name="sno" /><br />
<input type="text" name="sname" /><br/>
<input type="submit" value="提交" />
</div>
</form>
<%
    string sno;
    string sname;
    sno = Request. Form ["sno"];
    sname = Request. Form ["sname"];
    Response. Write (sno);
    Response. Write ("<br/>");
    Response. Write (sname);
%>
```

3.3 ASP Application 对象

Application 对象用于共享应用程序级信息,即多个用户共享一个 Application 对象。当第一个用户请求 ASP. NET 文件时,系统将启动应用程序并创建 Application 对象,一旦 Application 对象被创建,它就可以共享和管理整个应用程序的信息;在应用程序关闭之前,Application 对象将一直存在。Web 上的一个应用程序可以是一组 ASP 文件,这些 ASP 文件一起协同工作来完成某项任务，Application 对象的作用是把这些文件捆绑在一起。

Application 对象的常用集合如表 3.5 所示：

表 3.5　Application 对象常用集合

集合	描述
Contents	用于访问应用程序状态集合中的对象名
StaticObjects	确定某对象指定属性的值或遍历集合，并检索所有静态对象的属性

Application 对象常用属性如表 3.6 所示：

表 3.6　Application 对象常用属性

属性	描述
AllKeys	返回全部 Application 对象变量名到一个字符串数组中
Count	获取 Application 对象变量的数量
Item	允许使用索引或 Application 变量名称传回内容值

Application 对象常用方法如表 3.7 所示：

表 3.7　Application 对象常用方法

属性	描述
Add	新增一个 Application 对象变量
Clear	清除全部 Application 对象变量
Lock	锁定全部 Application 对象变量
Remove	使用变量名称移除一个 Application 对象变量
RemoveAll	移除全部 Application 对象变量
Set	使用变量名称更新一个 Application 对象变量的内容
UnLock	解除锁定的 Application 对象变量

【例 3.6】设计一访问计数器。程序代码如下：

（1）新建一个网站，打开 Global. asax 文件，在该文件的 Application_Start 事件中将访问数初始化为 0。

```
void Application_Start（object sender，EventArgs e）
{
    // 在应用程序启动时运行的代码
    Application［"count"］= 0；
}
```

（2）当有新用户访问该网站时，系统将建立一个新的 Session 对象，在 Session 对象的 Session_Start 事件中对 Application 对象加锁，同时将访问人数加 1；当用户退出该网站时，系统将关闭该用户的 Session 对象，同时将访问人数减 1。

```
void Session_Start（object sender，EventArgs e）
    {
        // 在新会话启动时运行的代码
        Application. Lock （）；
        Application ［"count"］ = （int） Application ［"count"］ + 1；
        Application. UnLock （）；

        void Session_End （object sender，EventArgs e）
    {
        // 在会话结束时运行的代码。
        // 注意：只有在 Web. config 文件中的 sessionstate 模式设置为 InProc 时，
才会引发 Session_End 事件。
        // 如果会话模式设置为 StateServer
        // 或 SQLServer，则不会引发该事件。
        Application. Lock （）；
        Application ［"count"］ = （int） Application ［"count"］ – 1；
        Application. UnLock （）；
    }
```

（3）对 Global. asax 文件进行设置后，需要将访问人数在网站的页面显示出来，代码如下：

```
protected void Page_Load （object sender，EventArgs e）
    {
        Response. Write （"您是该网站的第" + Application ［"count"］ . ToString
（） +"位访问者"）；
    }
```

3.4 Session 对象

Session 对象用于存储网页程序的变量或者对象，它终止于联机机器离线时，也就是当网页使用者关掉浏览器或超过设定 Session 变量的有效时间时，Session 对象才会消失。

使用 Session 对象存放信息的语法格式如下：

Session ［"变量名"］ =值；

从会话中读取 Session 信息的语法格式如下：

varname = Session ［"变量名"］；

例如：

//将 TextBox 控件中的文本存储到 Session ［"变量名"］ 中

Session ［"Name"］ =TextBox1. Text；

//将 Session［"变量名"］中的值读取到 TextBox 控件中

TextBox1. Text＝Session［"Name"］. ToString（）；

Session 对象的集合如表 3.8 所示：

表 3.8　Session 对象集合

集合	描述
Contents	用于确定指定会话项的值或遍历 Session 对象的集合
StaticObjects	确定某对象指定属性的值或遍历集合，并检索所有静态对象的所有属性

Session 对象的常用属性如表 3.9 所示：

表 3.9　Session 对象常用属性

属性	描述
TimeOut	传回或设定 Session 对象变量的有效时间，当使用者超过有效时间没有发出动作，Session 对象就会失效，默认值为 20 分钟

Session 对象的常用方法如表 3.10 所示：

表 3.10　Session 对象常用方法

方法	描述
Abandon	此方法结束当前会话，并清除会话中的所有信息。如果用户随后访问页面，可以为它创建新会话
Clear	此方法清除全部的 Session 对象变量，但不结束会话

Session 对象的事件如表 3.11 所示：

表 3.11　Session 对象事件

事件	描述
Session_OnEnd	当一个会话结束时此事件发生
Session_OnStart	当一个会话开始时此事件发生

【例 3.7】C#操作 session 类，session 的添加、读取及删除方法。程序代码如下：

```
using System. Web；
namespace DotNet. Utilities
{
  public static class SessionHelper2
  {
    // 添加 Session，调动有效期为 20 分钟
    public static void Add（string strSessionName, string strValue）
    {
      HttpContext. Current. Session［strSessionName］ = strValue；
      HttpContext. Current. Session. Timeout = 20；
```

```
}

// 添加 Session，调动有效期为 20 分钟
public static void Adds（string strSessionName，string［］strValues）
{
  HttpContext. Current. Session［strSessionName］= strValues；
  HttpContext. Current. Session. Timeout = 20；
}

// <param name="iExpires">调动有效期（分钟）</param>
public static void Add（string strSessionName，string strValue，int iExpires）
{
  HttpContext. Current. Session［strSessionName］= strValue；
  HttpContext. Current. Session. Timeout = iExpires；
}

// <param name="iExpires">调动有效期（分钟）</param>
public static void Adds（string strSessionName，string［］strValues，int iExpires）
{
  HttpContext. Current. Session［strSessionName］= strValues；
  HttpContext. Current. Session. Timeout = iExpires；
}

// <returns>Session 对象值</returns>
public static string Get（string strSessionName）
{
  if（HttpContext. Current. Session［strSessionName］== null）
  {
  return null；
}
  else
{
  return HttpContext. Current. Session［strSessionName］. ToString（）；
}
}

// <returns>Session 对象值数组</returns>
public static string［］Gets（string strSessionName）
{
if（HttpContext. Current. Session［strSessionName］== null）
{
  return null；
}
  else
```

```
            {
             return (string [] ) HttpContext. Current. Session [strSessionName];
           }
          }
         // <param name="strSessionName">Session 对象名称</param>
         public static void Del (string strSessionName)
         {
        HttpContext. Current. Session [strSessionName] = null;
        }
      }
    }
```


习题

1. 运用 request 对象实现用户登录。

用 QueryString 属性接收上一页使用“?”传递到本页的数据。用户访问网站时首先看到如图 3.2 所示的页面，当用户填写了自己的姓名并单击“提交”按钮跳转到下一页时，页面中将显示欢迎信息。

localhost:21438/Default.aspx
localhost:21438/Default.aspx
请输入您的姓名：
提交

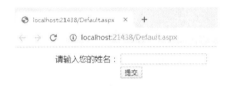

图 3.2　登录页面模拟效果图

2. 运用 Response 对象实现文件下载。

使用 Response 对象的 WriteFile 方法输出一个 Excel 文件。程序运行时，用户单击页面中的链接按钮，弹出对话框，单击“打开”按钮可在浏览器显示 Excel 文件内容，单击“保存”按钮可单线程下载文件到本地硬盘。

3. Session 和 Application 创建简单的网络在线聊天室；程序运行效果如图 3.3 所示。

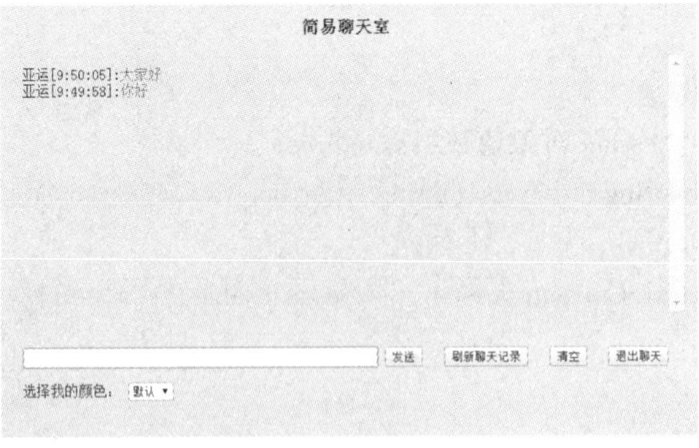
简易聊天室
亚运[9:50:05]:大家好
亚运[9:49:58]:你好
发送
刷新聊天记录
清空
退出聊天
选择我的颜色：
默认

图 3.3　聊天室

4 内部控件

4.1 Web 服务器控件

Web 服务器控件是在服务器上创建的，需要 runat = "server" 属性才能生效。然而，Web 服务器控件没有必要映射任何已存在的 HTML 元素，它们可以表示更复杂的元素。创建 Web 服务器控件的语法是：

<asp：control_ name id = "some_ id" runat = "server" />

Web 服务器常用控件如表 4.1 所示：

表 4.1 Web 服务器常用控件

Web 服务器控件	描述
Button	显示下压按钮
Calendar	显示日历
CheckBox	显示复选框
CheckBoxList	创建多选的复选框组
DataGrid	显示 grid 中数据源的字段
DataList	通过使用模版显示数据源中的项目
DropDownList	创建下拉列表
HyperLink	创建超链接
Image	显示图像
ImageButton	显示可点击的图像
Label	显示可编程的静态内容（使您对其内容应用样式）
LinkButton	创建超链接按钮
ListBox	创建单选或多选的下拉列表

Web 服务器控件	描述
ListItem	创建列表中的一个项目
Panel	为其他控件提供容器
RadioButton	创建单选按钮
RadioButtonList	创建单选按钮组
TextBox	创建文本框

4.2 Button 控件

4.2.1 Button 控件概述

Button 控件用于显示下压按钮，下压按钮分为提交按钮或命令按钮，该按钮默认为提交按钮。

提交按钮没有命令名称，在它被点击时只是将 web 页面回送到服务器。

命令按钮拥有命令名称，且允许在页面上创建多个按钮控件。

4.2.2 Button 控件属性

Button 控件常用属性如表4.2所示：

表4.2 Button 控件常用属性

属性	描述
CausesValidation	获取或设置一个值，该值指示在单击 Button 控件时是否执行了验证
CommandName	规定与 Command 事件相关的命令
OnClientClick	获取或设置在引发某个 Button 控件的 Click 事件时所执行的客户端脚本
PostBackUrl	当 Button 控件被点击时从当前页面传送数据的目标页面 URL
runat	该控件是服务器控件。必须设置为 "server"
Text	获取或设置按钮上的文本
CssClass	控件呈现的样式
Width	控件的宽度
Height	控件的高度

4.2.3 例题讲解

【例4.1】单击 Button 按钮弹出输入框。过程和程序代码如下：

（1）新建一个网站，在页面上添加一个 Button 控件，Text 属性设置为"弹出输入框"。

（2）在项目中添加对 Microsoft. VisualBasic 的引用。

（3）在项目中添加命名空间 Using Microsoft. VisualBasic。

（4）双击 Button 控件，进入后台编码区。

程序代码如下：

protected void Button1_Click（object sender，EventArgs e）

{

　　　string s = Microsoft. VisualBasic. Interaction. InputBox（"请输入一个成绩"，"成绩输入框"，"0"，-1，-1）；

　　　Response. Write（s）；

}

说明：Microsoft. VisualBasic. Interaction. InputBox（"提示性文字"，"对话框标题"，"默认值"，X 坐标，Y 坐标）；上面的 X 坐标，Y 坐标可以取值为-1 和-1，表示屏幕中间的位置显示。

实例运行后结果如图 4.1 和 4.2 所示：

图 4.1　Button 按钮示例

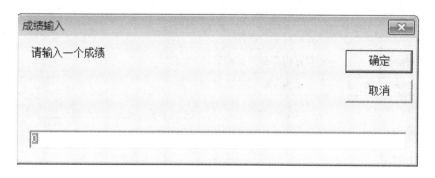

图 4.2　点击 Button 按钮弹出的输入框

4.3　ASP. NET　Calendar 控件

4.3.1　Calendar　控件概述

Calendar 控件显示一个日历，用户可通过该日历导航到任意一年中的任意一天。当 ASP. NET 网页运行时，Calendar 控件以 HTML 表格的形式呈现。

4.3.2 Calendar 控件属性

Calendar 控件属性如表 4.3 所示：

表 4.3 Calendar 控件属性

属性	描述
Caption	日历的标题
CaptionAlign	日历标题文本的对齐方式
CellPadding	单元格边框与内容之间的空白，以像素计
CellSpacing	单元格之间的空白，以像素计
DayHeaderStyle	显示一周中各天的名称的样式
DayNameFormat	显示一周中各天的名称的格式
DayStyle	显示日期的样式
FirstDayOfWeek	哪天是周的第一天
NextMonthText	显示下一月链接的文本
NextPrevFormat	下一月和上一月链接的格式
NextPrevStyle	显示下一月和上一月链接的样式
OtherMonthDayStyle	显示不在当前月中的日期的样式
PrevMonthText	显示上一月链接的文本
runat	该控件是服务器控件，必须设置为 "server"
SelectedDate	选定的日期
SelectedDayStyle	选定日期的样式
SelectionMode	允许用户如何选择日期
SelectMonthText	显示为月份选择链接的文本
SelectorStyle	月份和周的选择链接的样式
SelectWeekText	显示为周的选择链接的文本
ShowDayHeader	布尔值，该值指示是否显示一周中各天的标头
ShowGridLines	布尔值，规定是否显示日期之间的网格线
ShowNextPrevMonth	布尔值，规定是否显示下一月和上一月链接
ShowTitle	布尔值，规定是否现实日期的标题
TitleFormat	日期标题的格式
TitleStyle	日期标题的样式
TodayDayStyle	当天的日期的样式
TodaysDate	获取或设置今天的日期的值
VisibleDate	获取或设置指定要在 Calendar 控件上显示的月份的日期
WeekendDayStyle	周末的样式

4.3.3　例题讲解

【例4.2】制作日历。过程和程序代码如下：

在本例中，我们在 .aspx 文件中声明了一个 Calendar 控件。日期以完整名称显示，用户可以选择一天、一周或整个月，被选的天/周/月使用灰色背景颜色来显示，同时双休日显示为红色，且去掉其他月的日。

```
<form runat = "server">
<asp：Calendar DayNameFormat = "Full" runat = "server"
SelectionMode = "DayWeekMonth"
SelectMonthText = "< * >"
SelectWeekText = "<->"/>
    <SelectorStyle BackColor = "#f5f5f5" />
</asp：Calendar>
</form>
```

找到 Calendar 的 DayRender 事件双击进入编写，程序代码如下：

```
protected void Calendar1_DayRender (object sender，DayRenderEventArgs e)
    {
        if (e. Day. IsWeekend)
        {
            e. Cell. Text = "< font color = red >" + e. Day. Date. Day. ToString
() + "</font>";//双休日显示红色
        }
        if (e. Day. IsOtherMonth)
        {
            e. Cell. Text = string. Empty；    //去掉其他月的日
        }
    }
```

实例运行后的结果如图4.3所示：

图 4.3　程序运行结果

4.4 CheckBox 控件

4.4.1 CheckBox 控件概述

CheckBox 控件用于显示允许用户设置 true 和 false 条件的复选框。用户可以从一组 CheckBox 控件中选择一项或多项内容。

4.4.2 CheckBox 控件属性

CheckBox 控件属性如表 4.4 所示：

表 4.4 CheckBox 控件属性

属性	描述
AutoPostBack	在 Checked 属性改变后，系统是否立即向服务器回传表单。默认是 false
CausesValidation	获取或设置一个值，该值指示在单击 CheckBox 控件时，系统是否执行验证
Checked	获取或设置一个值，该值指示是否已选中 CheckBox 控件
Text	与复选框关联的文本标签
TextAlign	与复选框关联的文本标签的对齐方式（right 或 left）
OnCheckedChanged	当 Checked 属性被改变时，被执行函数的名称
Enabled	控件是否启用
ID	获取或设置分配给服务器控件的编程标识符

4.4.3 例题讲解

【例 4.3】用 CheckBox 实现体育爱好的选择。过程和程序代码如下：

（1）在页面中添加 4 个 CheckBox 控件，1 个 Label 标签和 1 个 Button 按钮。设置 CheckBox1 的 Text 属性为篮球，AutoPostBack 属性设置为 true；设置 CheckBox2 的 Text 属性为排球，AutoPostBack 属性设置为 true；设置 CheckBox3 的 Text 属性为乒乓球，AutoPostBack 属性设置为 true；设置 CheckBox4 的 Text 属性为羽毛球，AutoPostBack 属性设置为 true。Label1 的 Text 属性设置为空，Button1 的 Text 属性设置为提交。

（2）依次双击 CheckBox 控件，添加代码如下：

```
protected void CheckBox1_CheckedChanged (object sender, EventArgs e)
    {
        if (CheckBox1. Checked = = true)
            Label1. Text = Label1. Text + CheckBox1. Text;
        else
            Label1. Text = (Label1. Text). Replace (CheckBox1. Text," ");
    }
```

```
protected void CheckBox2_CheckedChanged（object sender，EventArgs e）
{
    if（CheckBox2.Checked == true）
        Label1.Text = Label1.Text + CheckBox2.Text；
    else
        Label1.Text =（Label1.Text）.Replace（CheckBox2.Text," "）；
}

protected void CheckBox3_CheckedChanged（object sender，EventArgs e）
{
    if（CheckBox3.Checked == true）
        Label1.Text = Label1.Text + CheckBox3.Text；
    else
        Label1.Text =（Label1.Text）.Replace（CheckBox3.Text," "）；
}

protected void CheckBox4_CheckedChanged（object sender，EventArgs e）
{
    if（CheckBox4.Checked == true）
        Label1.Text = Label1.Text + CheckBox4.Text；
    else
        Label1.Text =（Label1.Text）.Replace（CheckBox4.Text," "）；
}
```

（3）双击 Button 按钮，添加代码如下：

```
protected void Button1_Click（object sender，EventArgs e）
{
    Response.Write（"您选择的体育爱好为:" + Label1.Text）；
}
```

实例运行后的结果如图 4.4 所示：

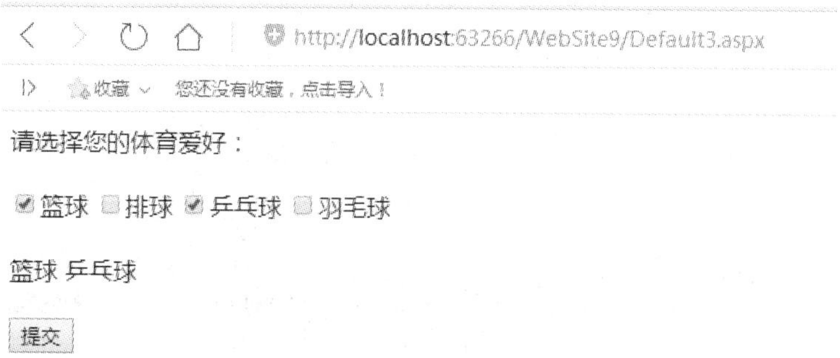

图 4.4　程序运行结果

【例4.4】使用 CheckBox 控件模拟考试系统中的多项选择题。过程和程序代码如下：

该实例设置方法与上面实例类似，实现界面如图4.5所示。

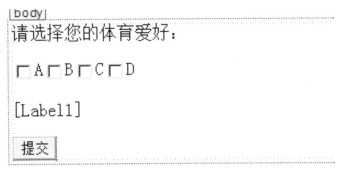

图 4.5　程序界面设计

实现功能代码如下：

```
public void aa ( )      //排序方法
{
        string str = Label1. Text;
        string [ ] arr = new string [ str. Length ];
        for ( int i = 0; i < str. Length; i++)
                arr [ i ] = str. Substring ( i, 1);
        Array. Sort ( arr );
        Label1. Text = "";
        foreach ( string i in arr )
                Label1. Text = Label1. Text + i;
}
protected void CheckBox1_CheckedChanged ( object sender, EventArgs e )
{
        if ( CheckBox1. Checked = = true )
            Label1. Text = Label1. Text + CheckBox1. Text;
        else
            Label1. Text = ( Label1. Text ) . Replace ( CheckBox1. Text, "" );
        aa ( );
}
protected void CheckBox2_CheckedChanged ( object sender, EventArgs e )
{
        if ( CheckBox2. Checked = = true )
            Label1. Text = Label1. Text + CheckBox2. Text;
        else
            Label1. Text = ( Label1. Text ) . Replace ( CheckBox2. Text, "" );
```

```
        aa（）;
}
protected void CheckBox3_CheckedChanged（object sender，EventArgs e）
{
        if（CheckBox3. Checked == true）
            Label1. Text = Label1. Text + CheckBox3. Text;
        else
            Label1. Text =（Label1. Text）. Replace（CheckBox3. Text,""）;
        aa（）;
}
protected void CheckBox4_CheckedChanged（object sender，EventArgs e）
{
        if（CheckBox4. Checked == true）
            Label1. Text = Label1. Text + CheckBox4. Text;
        else
            Label1. Text =（Label1. Text）. Replace（CheckBox4. Text,""）;
        aa（）;
}
protected void Button1_Click（object sender，EventArgs e）
{
        Response. Write（"您选择的选项为:" + Label1. Text）;
}
```

实例运行后的结果如图4.6所示:

图4.6 程序运行结果

4
内
部
控
件

4.5 DropDownList 控件

4.5.1 DropDownList 控件概述

DropDownList 控件只允许用户每次从列表中选择一项，而且只在框中显示选定选项。

4.5.2 DropDownList 控件属性

DropDownList 控件属性如表 4.5 所示：

表 4.5 DropDownList 控件属性

属性	描述
SelectedIndex	获取或设置列表中选定选项的最低序号索引
SelectItem	获取列表中索引最小的选中选项
SelectValue	获取列表控件中选定选项的值
OnSelectedIndexChanged	当被选项目的 index 被更改时被执行的函数的名称
runat	规定该控件是服务器控件。必须设置为 " server"
AutoPostBack	获取或设置一个值，该值指示当用户更改列表中的选定内容时，是否自动产生向服务器回发
DataSource	获取或设置对象，数据绑定控件从该对象中检索其数据项列表

4.5.3 例题讲解

【例 4.5】用 DropDownList 控件实现学院和专业的选择。过程和程序代码如下：

在页面中加入两个 DropDownList 控件，其中 DropDownList1 的 AutoPostBack 属性设置为 true，分别加入 Page_Load 和 DropDownList1_SelectedIndexChanged 事件。程序代码如下：

```
protected void Page_Load（object sender，EventArgs e）
    {
        if（! IsPostBack）
        {
            ArrayList arr = new ArrayList（）;
            arr. Add（"信息技术学院"）;
            arr. Add（"数学科学学院"）;
            arr. Add（"物理工程学院"）;
            DropDownList1. DataSource = arr;
            DropDownList1. DataBind（）;
            DropDownList2. Items. Add（"物联网工程"）;
```

```
                DropDownList2. Items. Add（"计算机科学与技术"）;
                DropDownList2. Items. Add（"网络工程"）;
        }
    }
protected void DropDownList1_ SelectedIndexChanged（object sender，EventArgs e）
    {
        DropDownList2. Items. Clear（）;
        if（DropDownList2. SelectedValue == "信息技术学院"）
        {
            DropDownList2. Items. Add（"物联网工程"）;
            DropDownList2. Items. Add（"计算机科学与技术"）;
            DropDownList2. Items. Add（"网络工程"）;
        }
        else if（DropDownList1. SelectedValue == "数学科学学院"）
        {
            DropDownList2. Items. Add（"数学教育"）;
            DropDownList2. Items. Add（"应用数学"）;
        }
        else if（DropDownList1. SelectedValue == "物理工程学院"）
        {
            DropDownList2. Items. Add（"物理教育"）;
            DropDownList2. Items. Add（"工程物理"）;
        }
    }
}
```

实例运行后的结果如图 4.7 所示：

图 4.7　程序运行结果

4.6　HyperLink　控件

4.6.1　HyperLink　控件概述

HyperLink 控件用于创建超链接，该控件在功能上和 HTML 的<a href="#">标签相似，其显示模式为超链接的形式。HyperLink 控件与大多数 Web 服务器控件不同，该控件只具备导航功能，当用户单击 HyperLink 控件时并不会在服务器代码中引发事件。

4.6.2　HyperLink　控件属性

HyperLink 控件属性如表 4.6 所示：

表 4.6　HyperLink 控件属性

属性	描述
ImageUrl	显示 HyperLink 控件的图像的 URL
NavigateUrl	单击 HyperLink 控件时的链接 URL
runat	规定该控件是服务器控件，必须被设置为 "server"
Target	单击 HyperLink 控件时显示链接到 URL 的目标框架
Text	获取或设置该链接的文本

4.6.3　例题讲解

【例 4.6】HyperLink 控件的使用方法。

在本例中，我们在 .aspx 文件中声明了一个 HyperLink 控件。程序代码如下：

<asp：HyperLink ImageUrl = "/banners/w6. gif" NavigateUrl = http：//www. w3cschool. cc
Text = "Visit W3Cschool!" Target = "_blank" runat = "server" />

4.7　Image　控件

4.7.1　Image　控件概述

Image 控件用于显示图像，在使用 Image 控件时，我们可以在设计或运行时以编程方式为 Image 对象指定图形文件。

4.7.2　Image　控件属性

Image 控件属性如表 4.7 所示：

表 4.7　Image 控件属性

属性	描述
AlternateText	在图像无法显示时出现的替换文字
DescriptionUrl	对图像进行详细描述的位置
ImageAlign	设置 Image 控件相对于网页上其他元素的对齐方式
ImageUrl	设置在 Image 控件中显示的图像位置
Enabled	设置控件是否启用

4.7.3 例题讲解

【例 4.7】通过 DropList 下拉框选择性别，在 Image 图片框中显示对应的图片。过程和程序代码如下：

在页面中加入一个 DropDownList 控件和一个 Image 控件，其中 DropDownList1 的 AutoPostBack 属性设置为 true。程序代码如下：

```
protected void DropDownList1_SelectedIndexChanged（object sender，EventArgs e）
{
        if（DropDownList1. SelectedItem. Value == "男"）
            Image1. ImageUrl =" ~/images/nan. jpg"；
        else if（DropDownList1. SelectedItem. Value == "女"）
            Image1. ImageUrl =" ~/images/nv. jpg"；
}
```

实例运行后的结果如图 4.7 所示：

图 4.7　程序运行结果

4.8　ImageButton　控件

4.8.1　ImageButton　控件概述

ImageButton 控件为图像按钮控件，功能和 Button 控件类似。

4.8.2　ImageButton　控件属性

ImageButton 控件属性如表 4.8 所示：

表 4.8　ImageButton 控件属性

属性	描述
CausesValidation	设置在 ImageButton 控件被点击时，询问是否验证页面

属性	描述
OnClientClick	当图像被点击时系统要执行的函数的名称
PostBackUrl	设置当 ImageButton 被点击时，从当前页面进行回传的目标页面的 URL。
Enabled	设置一个值，该值指示是否可以单击 ImageButton 以执行到服务器的回发

4.8.3 例题讲解

【例 4.8】ImageButton 控件的使用。

<asp：ImageButton ID = " ImageButton1" runat = " server" ImageUrl = " dianji. jpg" onclick = "ImageButton1_ Click" />

4.9　Label　控件

4.9.1　Label　控件概述

Label 控件用于在页面上显示用户不能编辑的文本。

4.9.2　Label　控件属性

Label 控件属性如表 4.9 所示：

表 4.9　Label 控件属性

属性	描述
Text	在 label 中显示的文本
Width	控件的宽度
Height	控件的高度
Visible	控件是否可见
Font	设置控件中的文本字体
ForeColor	设置控件中的文本颜色
CssClass	设置控件呈现的样式
AutoSize	控件大小是否随字符串大小自动调整，默认值为 false，不调整

4.9.3　例题讲解

【例 4.9】Label 控件属性设置实例。程序代码如下：

```
<body>
    <form id = "form1" runat = "server" >
    <div>
    <asp：TextBox id = "txt1" Width = "200" runat = "server" />
```

```
        <asp：Button id = " b1 " Text = " Copy to Label" OnClick = " submit" runat =
" server " />
        <p><asp：Label id = "label1" runat = "server" /></p>
        </div>
        </form>
    </body>
        protected void submit（object sender，EventArgs e）
        {
            label1. Text = txt1. Text；
        }
```

4.10 LinkButton 控件

4.10.1 LinkButton 控件概述 ├─────────────────

LinkButton 控件用于创建超链接样式的按钮，该控件的功能与 Button 控件类似，但
呈现方式不同，LinkButton 以超链接形式呈现。

4.10.2 LinkButton 控件属性 ├─────────────────

LinkButton 控件属性如表 4.10 所示：

表 4.10 LinkButton 控件属性

属性	描述
CausesValidation	规定当 LinkButton 控件被点击时，系统是否执行了验证
CommandArgument	有关所执行命令的附加信息
PostBackUrl	当 LinkButton 控件被点击时从当前页面进行回传的目标页面的 URL
Text	设置 LinkButton 上的文本
width	控件的宽度

4.10.3 例题讲解 ├─────────────────

【例 4.10】使用 LinkButton 设置超链接。程序代码如下：
< asp：LinkButton ID = " LinkButton1 " runat = " server " PostBackUrl = " http：//
www. baidu. com">LinkButton 超链接实例</asp：LinkButton>
在本例中，我们在 . aspx 文件中声明了一个 LinkButton 控件。当用户点击这个链接
时，页面会跳转到 "http：//www. baidu. com"。

4.11 ListBox 控件

4.11.1 ListBox 控件概述

ListBox 控件用于创建多选选项的下拉列表，如果列表项的总数超出可以显示的项数，则 ListBox 控件会自动添加滚动条。

4.11.2 ListBox 控件属性

ListBox 控件属性如表 4.11 所示：

表 4.11 ListBox 控件属性

属性	描述
Rows	设置列表中显示的行数
SelectionMode	设置 ListBox 控件单选还是多选
SelectedIndex	设置列表控件中选定项的最低序号索引
SelectedItem	获取列表控件中索引最小的选中的项
SelectedValue	获取列表控件中选定项的值
Rows	获取或设置 ListBox 控件中显示的行数
DataSource	设置对象数据绑定控件从该对象中检索其数据项列表

4.11.3 例题讲解

【例 4.11】通过 ListBox 控件和 Button 控件实现单选和多选，并移动相应记录。

向页面添加两个 ListBox 控件：ListBox1 和 ListBox2，四个 Button 控件，分别设置 ListBox1 和 ListBox 控件的 SelectionMode 属性为 Multiple，四个 Button 控件的 Text 属性分别为 ">>, <<, >, <"。

设置属性添加相应代码如下：

```csharp
protected void Page_Load（object sender, EventArgs e）
    {
        if（! IsPostBack）
        {
            ArrayList arrlist = new ArrayList（）;
            arrlist. Add（"星期一"）;
            arrlist. Add（"星期二"）;
            arrlist. Add（"星期三"）;
            arrlist. Add（"星期四"）;
            arrlist. Add（"星期五"）;
```

```
            arrlist. Add（"星期六"）;
            arrlist. Add（"星期天"）;
            ListBox1. DataSource = arrlist;
            ListBox1. DataBind（）;
        }
    }
    protected void Button1_Click（object sender, EventArgs e）
    {
        int count = ListBox1. Items. Count;
        int index = 0;
        for（int i = 0; i < count; i++）
        {
            ListItem item = ListBox1. Items［index］;
            ListBox1. Items. Remove（item）;
            ListBox2. Items. Add（item）;
        }
    }
    protected void Button3_Click（object sender, EventArgs e）
    {
        int count = ListBox1. Items. Count;
        int index = 0;
        for（int i = 0; i < count; i++）
        {
            ListItem item = ListBox1. Items［index］;
            if（ListBox1. Items［index］. Selected == true）
            {
                ListBox1. Items. Remove（item）;
                ListBox2. Items. Add（item）;
                index--;
            }
            index++;
        }
    }
    protected void Button2_Click（object sender, EventArgs e）
    {
        int count = ListBox2. Items. Count;
        int index = 0;
        for（int i = 0; i < count; i++）
        {
```

```
                ListItem item = ListBox2.Items [index];
                ListBox2.Items.Remove (item);
                ListBox1.Items.Add (item);
            }
    }
protected void Button4_Click (object sender, EventArgs e)
    {
        int count = ListBox2.Items.Count;
        int index = 0;
        for (int i = 0; i < count; i++)
        {
            ListItem item = ListBox2.Items [index];
            if (ListBox2.Items [index] .Selected == true)
            {
                ListBox2.Items.Remove (item);
                ListBox1.Items.Add (item);
                index--;
            }
            index++;
        }
```

执行以上代码，程序运行结果如图 4.8 所示：

图 4.8　程序运行结果

4.12 Panel 控件

4.12.1 Panel 控件概述

Panel 控件在页面内为其他控件提供了一个容器。它可以将多个控件放入一个 Panel 控件中，将其作为一个单元进行控制，如显示或隐藏这些控件。

4.12.2 Panel 控件属性

Panel 控件属性如表 4.12 所示：

表 4.12 Panel 控件属性

属性	描述
BackImageUrl	规定显示控件背景的图像文件的 URL
DefaultButton	规定 Panel 中默认按钮的 ID
Direction	规定 Panel 的内容显示方向
GroupingText	规定 Panel 中控件组的标题
HorizontalAlign	规定内容的水平对齐方式
runat	规定控件是服务器。必须设置为 "server"
ScrollBars	规定 Panel 中滚动栏的位置和可见性
Wrap	规定内容是否折行

4.12.3 例题讲解

【例 4.12】通过 Button 控件对 Panel 控件进行隐藏和显示。程序代码如下：

```
protected void Button1_Click（object sender，EventArgs e）
    {
        if（Button1.Text ＝＝ "隐藏 panel"）
        {
            Panel1.Visible ＝false；
            Button1.Text ＝"显示 panel"；
        }
        else
        {
            Panel1.Visible ＝true；
            Button1.Text ＝"隐藏 panel"；
        }
    }
```

4.13 RadioButton 控件

4.13.1 RadioButton 控件概述

RadioButton 控件是单选按钮，用户在使用时须把所有的单选按钮的 GroupName 属性设置为同一个值，这样就可以从给出的所有选项中选择一个选项。

4.13.2 RadioButton 控件属性

RadioButton 控件属性如表 4.13 所示：

表 4.13　RadioButton 控件属性

属性	描述
AutoPostBack	设置当单击 RadioButton 控件时，是否自动回发到服务器
Checked	设置是否选定单选按钮
CausesValidation	设置在单击 RadioButton 控件时，系统是否执行验证
GroupName	设置单选按钮所属控件组的名称
Text	单选按钮旁边的文本
TextAlign	文本应出现在单选按钮的哪一侧（左侧还是右侧）
Enabled	控件是否启用

4.13.3 实例讲解

【例 4.13】通过 RadioButton 控件选择您喜欢的颜色。程序代码如下：

```
<form id="form1" runat="server">
<div>
请选择您喜欢的颜色：
<br>
<asp:RadioButton id="red" Text="Red" Checked="True" GroupName="colors" runat="server"/>
<br>
<asp:RadioButton id="green" Text="Green" GroupName="colors" runat="server"/>
<br>
<asp:RadioButton id="blue" Text="Blue" GroupName="colors" runat="server"/>
<br />
<asp:Button ID="Button1" runat="server" onclick="Button1_Click" Text="提交" />
```

```
</div>
</form>
protected void Button1_Click（object sender，EventArgs e）
    ｛
        if（red. Checked == true）
            MessageBox. Show（"您选择了红色"）；
        else if（green. Checked == true）
            MessageBox. Show（"您选择了绿色"）；
        else if（blue. Checked == true）
            MessageBox. Show（"您选择了蓝色"）；
        else
            MessageBox. Show（"请选择其中一种颜色"）；
｝
```

程序运行后，结果如图4.9所示：

图4.9　程序运行结果

4.14　TextBox　控件

4.14.1　TextBox　控件概述

TextBox 控件用于创建文本框，用于输入或显示文本。TextBox 控件通常用于可编辑文本，但用户也可以通过设置其属性值，使其成为只读控件。

4.14.2　TextBox　控件属性

TextBox 控件属性如表 4.14 所示：

表 4.14　TextBox 控件属性

属性	描述
AutoPostBack	规定当内容改变时，控件是否自动回传到服务器
CausesValidation	设置当回发发生时，是否执行验证
Columns	TextBox 的宽度（以字符为单位）
MaxLength	在 TextBox 中所允许输入的最大字符数
ReadOnly	设置 TextBox 中内容是否允许修改
Rows	TextBox 的行数（仅在 TextMode="Multiline" 时使用）
Text	TextBox 要显示的文本
TextMode	设置 TextBox 的行为模式（单行、多行或密码）
Wrap	设置 TextBox 的内容是否换行
OnTextChanged	当 TextBox 中的文本被更改时，被执行的函数的名称

4.14.3　例题讲解

【例 4.14】设计一子程序，当点击按钮时，把 TextBox 文本框的内容拷贝到 Label 控件。

在本例中，我们在 .aspx 文件中声明了一个 TextBox 控件，一个 Button 控件，和一个 Label 控件。当提交按钮被触发时，会执行 submit 子例程。这个 submit 子例程会把文本框的内容拷贝到 Label 控件。程序代码如下：

```
<script  runat="server">
    sub submit（sender As Object，e As EventArgs）
    lbl1.Text=txt1.Text
    end sub
</script>
<! DOCTYPE html>
<html>
<body>
<form id="Form1"  runat="server">
<asp：TextBox id="txt1" Text="Hello World!" Font_Face="verdana" BackColor="#0000ff" ForeColor="white" TextMode="MultiLine"  Height="50" runat="server" />
<asp：Button ID="Button1" OnClick="submit" Text="Copy Text to Label" runat="server" />
<p><asp：Label id="lbl1" runat="server" /></p>
</form>
</body>
</html>
```

4.15 FileUpload 控件

4.15.1 FileUpload 控件概述

FileUpload 控件用于向指定目录上传文件，该控件包括一个文本框和一个浏览按钮，用户可以在文本框中输入或单击浏览按钮选择完整的上传文件路径，然后点击上传事件按钮即可完成文件的上传操作。

4.15.2 FileUpload 控件属性

FileUpload 控件属性如表 4.15 所示：

表 4.15 FileUpload 控件属性

属性	描述
HasFile	获取一个布尔值，用于表示 FileUpload 控件是否已经包含一个文件
PostedFile	获取一个与上传文件相关的 HttpPostedFile 对象，使用该对象可以获取上传文件的相关属性
FileName	获取上传文件在客户端的文件名称
FileContent	获取指定上传文件的 Stream 对象
FileBytes	获取上传文件的字节数组
ContentLength	获得上传文件的大小，单位是字节（byte）

4.15.3 例题讲解

【例 4.15】利用 FileUpload 控件上传文件。程序代码如下：

```
bool flage=false;
    if (FileUpload1. HasFile)    //判断是否选择文件
    {
        {
            string fextension = System. IO. Path. GetExtension (FileUpload1. FileName).
ToLower ( );    //取出 fileupload 控件中文件扩展名并转换为小写
            string [ ] fex = { ". doc", ". docx", ". gif", ". bmp", ". jpg",
". jpeg", ". png" };
            for (int i = 0; i < fex. Length; i++)
                if (fex [i] = = fextension)
                    flage = true;
        }
        if (flage = = true)
```

```
                    {
                FileUpload1. SaveAs（Server. MapPath（"~/upload/"）+FileUpload1.
FileName）;
                MessageBox. Show（"上传成功"）;
                    }
                else
                MessageBox. Show（"上传文件类型不符合"）;
            }
            else
            MessageBox. Show（"请选择您要上传的文件"）;
```

习题

1. 编写一个简单的计算器，使其能够实现正整数的加、减、乘、除 4 种运算，设计界面如图 4.10 所示。

图 4.10　简单计算器

2. 用 C#编写一个提供常用网址的程序，使其可以快捷访问百度、新浪、腾讯、搜狐、网易等网站。设计界面如图 4.11 所示：

图 4.11　常用网址链接

3. 设计一个转换英文大小写的程序，使其在输入字符时，自动将英文字母分别转换为大小写两种格式。设计界面如图 4.12 所示：

图 4.12　大小写转换

4. 设计一个简单的显示图片及图片文件名的程序。要求：利用 PictureBox 显示图片，利用 Lable 显示图片名称，图片放在 ImageList 组件中。运行界面如图 4.13 所示：

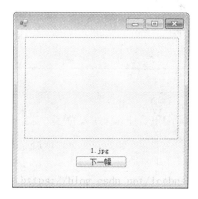

图 4.13　图片显示

5. 简述 Label、LinkButton、TextBox、CheckBox、CheckBoxList、RadioButtonList、DropDownList 控件的用途。

6. 利用 Calendar 控件创建一个 Web 页面。要求：周六、周日对应的列加上边框；当在日历中选择 1 月 1 日、3 月 12 日、5 月 1 日、6 月 1 日、7 月 1 日、8 月 1 日、9 月 10 日、10 月 1 日时，在页面下面显示相应的节日信息（元旦节、植树节、劳动节、儿童节、建党节、建军节、教师节、国庆节）。

5 | 数据验证控件

ASP. NET 提供了一组验证控件，对客户端用户的输入进行验证，如果数据未通过验证，则向用户提示其输入了错误的消息。

具体验证控件如表 5.1 所示：

表 5.1 验证控件

验证控件	描述
CompareValidator	把一个输入控件的值与另一个输入控件的值进行对比，也可以验证确保输入的是数字、日期等
CustomValidator	自定义验证控件，允许用户编写一个方法，来处理输入值的验证
RangeValidator	数据范围验证控件，检查用户输入值是否介于两个值之间
RegularExpressionValidator	数据格式验证控件，可以验证用户输入是否与预定义的模式相匹配
RequiredFieldValidator	非空数据验证控件
ValidationSummary	显示网页中所有验证错误的报告

5.1 CompareValidator 控件

5.1.1 CompareValidator 控件概述

CompareValidator 控件用于将一个输入控件的值与另一个输入控件的值或常数值进行比较。

5.1.2 CompareValidator 控件属性

CompareValidator 控件属性如表 5.2 所示：

表 5.2 CompareValidator 控件属性

属性	描述
ControlToCompare	要与所验证的控件进行比较的控件 ID
ControlToValidate	要验证的控件的 ID，注意：该 ID 必须和验证控件在相同的容器中
Display	验证控件的显示方式。 None - 控件不显示。仅用于 ValidationSummary 控件中显示错误消息。 Static - 如果验证失败，控件显示为错误消息。即使输入通过验证，也要在页面上预留显示消息的空间，即用于显示消息的空间是预先分配好的。 Dynamic - 如果验证失败，控件显示为错误消息。如果输入通过验证，页面上不预留显示消息的空间，即用于显示消息的空间是动态添加的
Enabled	布尔值，规定是否启用验证控件
ErrorMessage	当验证失败时，在 ValidationSummary 控件中显示的错误信息
Operator	设置要执行的比较操作的类型
Text	当验证失败时显示的消息，如 Display 为 Static，不出错时显示该文本
Type	设置比较的两个值的数据类型，默认为 String
ValueToCompare	设置要比较的值

5.1.3 例题讲解

【例 5.1】 CompareValidator 控件验证两个文本框内容是否一致。程序代码如下：

```
<form id="form1" runat="server">
<table border="0" bgcolor="#b0c4de">
    <tr valign="top">
        <td colspan="4"><h4>两个文本框内容一致性验证</h4></td>
    </tr>
    <tr valign="top">
        <td><asp：TextBox id="txt1" runat="server" /></td>
        <td> = </td>
        <td><asp：TextBox id="txt2" runat="server" /></td>
        <td><asp：Button ID="Button1" Text="Validate" runat="server" /></td>
    </tr>
    <tr>
        <td colspan="4"><asp：CompareValidator id="compval" Display=
"dynamic" ControlToValidate="txt1" ControlToCompare="txt2" ForeColor="red"
BackColor="yellow" Type="String" Text="两文本框内容不一致!" runat="server" /></
td>
    </tr>
</table>
</form>
```

本实例声明了两个 TextBox 控件，一个 Button 控件和一个 CompareValidator 控件。

如果验证失败，将在 CompareValidator 控件中使用黄色背景、红色字体显示"两文本框内容不一致！"文本。

5.2 CustomValidator 控件

5.2.1 CustomValidator 控件概述

当现有的验证控件无法满足要求时，用户可以自定义一个服务器端验证函数，然后使用自定义验证控件（CustomValidator）来调用函数，从而对输入控件执行用户定义的验证。

5.2.2 CustomValidator 控件属性

CustomValidator 控件属性如表 5.3 所示：

表 5.3 CustomValidator 控件属性

属性	描述
ClientValidationFunction	规定要被执行的客户端脚本函数的名称。注释：脚本必须用浏览器支持的语言编写，比如 VBScript 或 JScript 使用 VBScript 时，函数必须位于表单内： Sub FunctionName（source，arguments） 使用 JScript 时，函数必须位于表单内： Function FunctionName（source，arguments）
Display	验证控件的显示行为。合法值有： None - 控件不显示。仅用于 ValidationSummary 控件中显示错误消息。 Static - 如果验证失败，控件显示错误消息。即使输入通过验证，也在页面上预留显示消息的空间，即用于显示消息的空间是预先分配好的。 Dynamic - 如果验证失败，控件显示错误消息。如果输入通过验证，页面上不预留显示消息的空间，即用于显示消息的空间是动态添加的
Enabled	布尔值，规定是否启用验证控件
ErrorMessage	当验证失败时，在 ValidationSummary 控件中显示的文本。注释：如果未设置 Text 属性，文本也会显示在验证控件中
Text	当验证失败时显示的消息

5.2.3 例题讲解

【例 5.2】使用 CustomValidator 控件验证输入用户名长度是否合法。程序代码如下：

```
<script  runat = "server">
Sub user（source As object，args As ServerValidateEventArgs）
    if len（args. Value）<8 or len（args. Value）>16 then
        args. IsValid = false
    else
        args. IsValid = true
```

```
        end if
End Sub
</script>
<! DOCTYPE html>
<html>
<body>
    <form id="form1" runat="server">
    <div>
    <asp：Label ID="Label1" runat="server" Text="用户名：" />
    <asp：TextBox id="txt1" runat="server" />
    <asp：Button ID="Button1" Text="提交" runat="server"/>
    <br/>
    <asp：Label id="mess" runat="server"/>
    <br/>
        <asp：CustomValidator ID="CustomValidator1" ControlToValidate="txt1"
OnServerValidate="user" Text="用户名必须为8~16位！" runat="server"/>
    </div>
    </form>
</body>
</html>
```

本例 user（）函数可检测文本框输入值的长度，如果长度小于 8 或大于 16，将在
CustomValidator 控件中显示文本"用户名必须为 8~16 位！"。

5.3 RangeValidator 控件

5.3.1 RangeValidator 控件概述

RangeValidator 控件（数据范围验证控件）用于检测用户输入的值是否在指定范围
之内，可以对不同类型的值进行比较，比如数字、日期和字符。

注意：如果输入控件为空，验证不会失败，请使用 RequiredFieldValidator 控件，使字段
必需（必填）。同时如果输入值无法转换为指定的数据类型，验证也不会失败，请使用
CompareValidator 控件，将其 Operator 属性设置为 ValidationCompareOperator. DataTypeCheck，
这样就可以校验输入值的数据类型了。

5.3.2 RangeValidator 控件属性

RangeValidator 控件属性如表 5.4 所示：

表 5.4 RangeValidator 控件属性

属性	描述
Display	设置错误信息的显示方式
ErrorMessage	当验证失败时，在 ValidationSummary 控件中显示的文本
IsValid	获取或设置一个值，指示由 ControlToValidate 指定的控件是否通过验证，默认值为 true
MaximumValue	规定输入控件的最大值，默认值为空字符串
MinimumValue	规定输入控件的最小值，默认值为空字符串
Type	规定要检测的值的数据类型。类型有：Currency、Date、Double、Integer、String
Text	当验证失败时显示的消息，如果 Display 为 static，不出错时显示该文本

5.3.3 例题讲解

【例 5.3】验证输入的日期是否在规定的范围内。程序代码如下：

```
<! DOCTYPE html>
<html>
<body>
<form id="Form1" runat="server">
请输入一个日期，范围为 2019-01-01 至 2019-12-31。
<br />
<asp：TextBox id="tbox1" runat="server" />
<br />
<asp：Button ID="Button1" Text="提交" runat="server" />
<br />
< asp：RangeValidator ID=" RangeValidator1" ControlToValidate=" tbox1"
MinimumValue=" 2019-01-01" MaximumValue=" 2019-12-31" Type=" Date"
EnableClientScript="false" Text=" 日期必须为 2019-01-01 至 2019-12-31!" runat=
" server" />
</form>
</body>
</html>
```

本例验证输入的日期是否在规定的日期范围内，如果验证失败，将在 RangeValidator 控件中显示文本"日期必须为 2019-01-01 至 2019-12-31!"。

【例 5.4】验证输入的成绩是否在 0～100 之间。程序代码如下：

```
<html xmlns="http：//www.w3.org/1999/xhtml">
<head runat="server">
    <title></title>
</head>
```

```
<body>
    <form id="form1" runat="server">
    <div>
        姓名：<asp：TextBox ID="TextBox1" runat="server"></asp：TextBox>
        <br />
        成绩：<asp：TextBox ID="TextBox2" runat="server"></asp：TextBox>
        <asp：RangeValidator ID="RangeValidator1" runat="server"
            ControlToValidate="TextBox2" ErrorMessage="成绩必须为0-100分"
MaximumValue="100" MinimumValue="0" Type="Double"></asp：RangeValidator>
        <br />
        <asp：Button ID="Button1" runat="server" Text="提交" />
    </div>
    </form>
</body>
</html>
```

在本例中，我们在 . aspx 文件中声明了两个 TextBox 控件，一个 Button 控件和一个
RangeValidator 控件。如果验证失败，则在 RangeValidator 控件中显示"成绩必须为
0-100 分"。

实例运行后结果如图 5.1 所示：

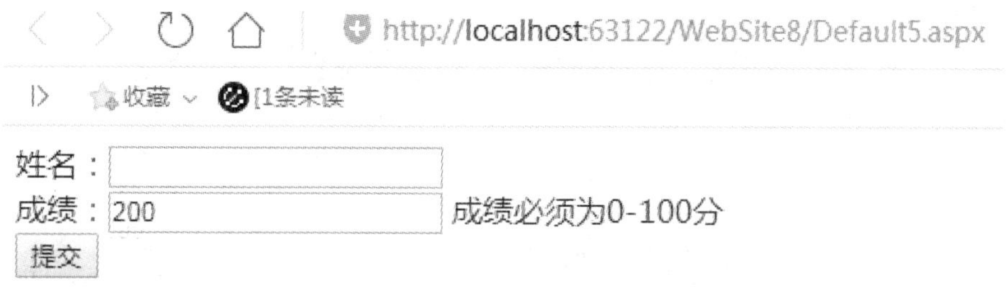

图 5.1　程序运行结果

5.4　RegularExpressionValidator　控件

5.4.1　RegularExpressionValidator　控件概述

RegularExpressionValidator 控件用于验证输入值是否匹配指定的模式，这样就可以
对电话号码、邮编、身份证号码等进行验证。RegularExpressionValidator 控件允许有多
种有效模式，每个有效模式之间使用"｜"字符来分割，预定义模式需要使用正则表
达式定义。

RegularExpressionValidator 控件属性如表5.5所示：

表5.5 RegularExpressionValidator 控件属性

属性	描述
ControlToValidate	要验证的控件的 ID，此属性不能为空，如果没有指定有效的输入控件，则系统会在显示页面时发生异常
Display	验证控件的显示行为。 None - 控件不显示。仅用于 ValidationSummary 控件中显示错误消息。 Static - 如果验证失败，控件显示错误消息。即使输入通过验证，也在页面上预留显示消息的空间，即用于显示消息的空间是预先分配好的。 Dynamic - 如果验证失败，控件显示错误消息。如果输入通过验证，页面上不预留显示消息的空间，即用于显示消息的空间是动态添加的
ErrorMessage	验证失败时在 ValidationSummary 控件中显示的文本。注释：如果未设置 Text 属性，文本也会显示在验证控件中
IsValid	设置错误信息的显示方式
Text	验证失败时显示的消息；如果 Display 为 Static，不出错时显示该文本
ValidationExpression	获取或设置指定为验证条件的正则表达式。在客户端和服务器上，表达式的语法是不同的，JScript 用于客户端，在服务器上，根据相应的语言使用

常用正则表达式字符及含义如表5.6所示：

表5.6 常用正则表达式字符及含义

符号	含义	使用举例
.	代表任意字符	.{3}，表示输入任意3个字符，其中 {3} 限定输入字符的个数
[]	用于可以输入的字符	[ab12] 表示只允许输入 a，b，1，2 [a-z0-9] 表示可以输入 a-z 的所有字母和 0-9 数字 [a-z] @ [a-z0-9] 表示@前为小写字母，@后为小写字母或数字或者他们的组合
{}	用于定义输入字符的个数	{5} 表示必须输入5个字符 {5, 10} 表示输入的字符个数为5-10之间 {5,} 表示输入字符必须5个或5个以上 注意：前面要有字符
|	表示逻辑"或"	[a-z] {2, 4} | [0-9] {2, 4} 表示可以输入2-4个小写字母或2-4个数字
.	代表任意字符	.{3}，表示输入任意3个字符，其中 {3} 限定输入字符的个数
[]	用于可以输入的字符	[ab12] 表示只允许输入 a，b，1，2 [a-z0-9] 表示可以输入 a-z 的所有字母和 0-9 数字 [a-z] @ [a-z0-9] 表示@前为小写字母，@后为小写字母或数字或者他们的组合

符号	含义	使用举例
{}	用于定义输入字符的个数	{5} 表示必须输入 5 个字符 {5, 10} 表示输入的字符个数为 5~10 之间 {5,} 表示输入字符必须 5 个或 5 个以上 注意：前面要有字符
|	表示逻辑"或"	[a~z]{2, 4} | [0~9]{2, 4} 表示可以输入 2~4 个小写字母或 2~4 个数字
+	至少匹配前面表达式 1 次	表示最少输入 1 个字符，最多到无限多个字符，例如： [a~zA~Z]+表示不限制数目，接受 a~z 或 A~Z 的字符，但是至少输入一个字符
\d	匹配任何一个数字（0~9）	\d{6}：表示 6 个数字，例如邮政编码 \d*：表示任意个数字 \d{3, 4}-\d{7, 8}：表示固定电话号码 \d{2}-\d{5}：由两位数字、一个连字符串再加 5 位数字
\D	匹配任何一个非数字（^0~9）	\D{6}：表示 6 个非数字

5.4.3 例题讲解

【例 5.5】通过 RegularExpressionValidator 控件的相关属性来验证用户输入的出生日期、身份证号码、电话号码和 Email 格式是否正确。

界面设计如图 5.2 所示：

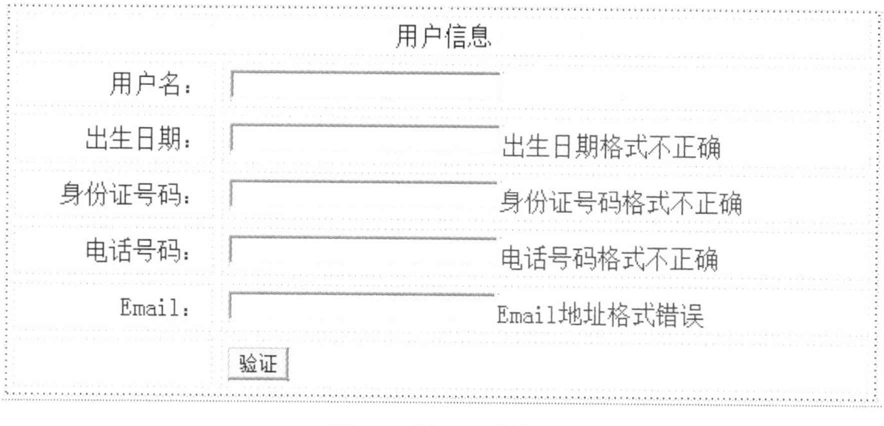

图 5.2 界面设计效果

分别设置 RegularExpressionValidator 控件 ControlToValidate 属性、ErrorMessage 属性、ForeColor 属性、SetFocusOnError 属性和 ValidationExpress 属性等。

程序代码如下：

```
<html xmlns = "http: //www. w3. org/1999/xhtml">
<head runat = "server">
    <title></title>
    <style type = "text/css">
```

```
        . style1
         {
            width：58%；
            height：222px；
         }
        . style2
         {
            text-align：right；
            width：121px；
         }
```

```
    </style>
</head>
<body>
    <form id="form1" runat="server">
    <div>
        <table align="center" cellpadding="5" cellspacing="5" class="style1">
            <tr>
                <td colspan="2" style="text-align：center">
                    用户信息</td>
            </tr>
            <tr>
                <td class="style2">
                    用户名：</td>
                <td class="style3">
                        <asp：TextBox ID="TextBox1" runat="server" Width=
"180px"></asp：TextBox>
                </td>
            </tr>
            <tr>
                <td class="style2">
                    出生日期：</td>
                <td class="style3">
                        <asp：TextBox ID="TextBox2" runat="server" Width=
"180px"></asp：TextBox>
                        <asp：RegularExpressionValidator ID="RegularExpression
Validator1" runat="server" ErrorMessage="出生日期格式不正确" ForeColor="#990000"
SetFocusOnError="True" ValidationExpression="^（19｜20）\ d {2} -（1 [0-2]｜0?
[1-9]）-（0? [1-9]｜ [1-2] [0-9]｜3 [0-1]）"></asp：RegularExpressionValidator>
                </td>
```

```
                    </tr>
                    <tr>
                        <td class="style2">
                            身份证号码：</td>
                        <td class="style3">
                            <asp：TextBox ID="TextBox3" runat="server" Width=
"179px"></asp：TextBox>

                            <asp：RegularExpressionValidator ID="RegularExpression
Validator2" runat="server" ControlToValidate="TextBox3" ErrorMessage="身份证号码格
式不正确" ForeColor="#990000" SetFocusOnError="True" ValidationExpression="^
[1-9]\d{7}((0\d)|(1[0-2]))(([0|1|2]\d)|3[0-1])\
d{3}$|^[1-9]\d{5}[1-9]\d{3}((0\d)|(1[0-2]))(([0|
1|2]\d)|3[0-1])\d{3}        ([0-9]|X)"></asp：
RegularExpressionValidator>
                        </td>
                    </tr>
                    <tr>
                        <td class="style2">
                            电话号码：</td>
                        <td class="style3">
                            <asp：TextBox ID="TextBox4" runat="server" Width=
"179px"></asp：TextBox>

                            <asp：RegularExpressionValidator ID="RegularExpression
Validator3" runat="server" ControlToValidate="TextBox4" ErrorMessage="电话号码格式
不正确" ForeColor="#990000" SetFocusOnError="True" ValidationExpression="(\d
{11})|^((\d{7,8})|(\d{4}|\d{3})-(\d{7,8})|(\
d{4}|\d{3})-(\d{7,8})-(\d{4}|\d{3}|\d{2}|\d
{1})|(\d{7,8})-(\d{4}|\d{3}|\d{2}|\d{1}))"></
asp：RegularExpressionValidator>
                        </td>
                    </tr>
                    <tr>
                        <td class="style2">
                            Email：</td>
                        <td class="style3">
                            <asp：TextBox ID="TextBox5" runat="server" Width=
"178px"></asp：TextBox>

                            <asp：RegularExpressionValidator ID="RegularExpression
Validator4" runat="server" ControlToValidate="TextBox5" ErrorMessage="Email 地址格式
```

错误" ForeColor=" #990000" SetFocusOnError=" True" ValidationExpression=" ^ ［_ a-z0-9-］ + （\ . ［_ a-z0-9-］ +） * @ ［a-z0-9-］ + （\ . ［a-z0-9-］ +） * （\ . ［a-z］ {2,} ）"></asp：RegularExpressionValidator>
```
                    </td>
                </tr>
                <tr>
                    <td class=" style4" >
                          </td>
                    <td class=" style3" >
                        <asp：Button ID=" Button1" runat=" server" Text=" 验证" />
                    </td>
                </tr>
            </table>
        </div>
    </form>
</body>
</html>
```

5.5 RequiredFieldValidator 控件

5.5.1 RequiredFieldValidator 控件概述

当某个字段不能为空时，可以使用非空数据验证控件（RequiredFieldValidator），该控件用于文本框的非空验证。在网页提交到服务器前，该控件验证控件的输入值是否为空，如果为空，则显示错误信息和提示信息。

5.5.2 RequiredFieldValidator 控件属性

RequiredFieldValidator 控件属性如表 5.7 所示：

表 5.7 RequiredFieldValidator 控件属性

属性	描述
ControlToValidate	要验证的控件的 ID，此属性必须设置为输入控件 ID。如果没有指定有效输入控件，则在显示页面时引发异常
Display	验证控件错误信息的显示方式
Enabled	布尔值，规定是否启用验证控件
ErrorMessage	验证失败时在 ValidationSummary 控件中显示的文本
InitialValue	定输入控件的初始值（开始值）。默认是 ""

属性	描述
IsValid	布尔值，指示由 ControlToValidate 指定的控件是否通过验证
Text	当验证失败时显示的消息

5.5.3 例题讲解

【例 5.6】本例通过 RequiredFieldValidator 控件的相关属性来验证用户是否输入用户名。

界面设计如图 5.3 所示：

图 5.3 界面设计效果

分别设置 RequiredFieldValidator 控件 ControlToValidate 属性、ErrorMessage 属性、ForeColor 属性和 SetFocusOnError 属性等。

程序代码如下：

```
<html xmlns = "http：//www. w3. org/1999/xhtml" >
<head runat = "server" >
    <title></title>
</head>
<body>
    <form id = "form1"  runat = "server" >
    <div>
        用户名：<asp：TextBox ID = "TextBox1"  runat = "server" ></asp：TextBox>
        <asp：RequiredFieldValidator ID = "RequiredFieldValidator1"  runat = "server"
ControlToValidate = "TextBox1"  ErrorMessage = "用户名不能为空"  ForeColor = "#990000"
SetFocusOnError = "True" >用户名不能为空</asp：RequiredFieldValidator>
        <br />
        <br />
        <asp：Button ID = "Button1"  runat = "server"  Text = "提交" />
    </div>
    </form>
</body>
</html>
```

5 数据验证控件

5.6 ValidationSummary 控件

5.6.1 ValidationSummary 控件概述

ValidationSummary 控件用于显示网页中所有验证错误的摘要。错误列表可以通过列表、项目符号列表或单个段落的形式进行显示。在该控件中显示的错误消息是由每个验证控件的 ErrorMessage 属性规定的。如果未设置验证控件的 ErrorMessage 属性，就不会为那个验证控件显示错误消息。

5.6.2 ValidationSummary 控件属性

ValidationSummary 控件属性如表 5.8 所示：

表 5.8 ValidationSummary 控件属性

属性	描述
DisplayMode	设置错误信息的显示格式。合法值有：BulletList、List、SingleParagraph
EnableClientScript	是否启用客户端验证，默认值为 true
HeaderText	ValidationSummary 控件中的标题文本
ShowMessageBox	是否以弹框方式显示每个被验证控件的错误信息
ShowSummary	是否使用错误汇总信息
Validate	执行验证并且更新 IsValid 属性

5.6.3 例题讲解

【例 5.7】本例通过 ValidationSummary 控件将错误信息的摘要一起显示。
界面设计如图 5.4 所示：

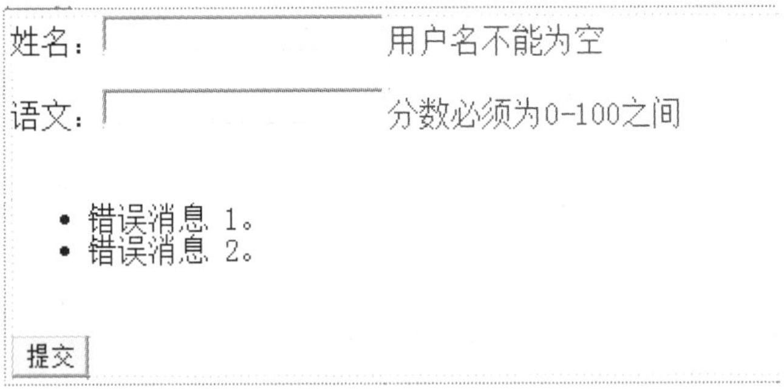

图 5.4 界面设计效果

设置 RequiredFieldValidator 控件的 ControlToValidate 属性、ErrorMessage 属性、ForeColor 属性和 SetFocusOnError 属性等。

设置 RangeValidator 控件的 ControlTovalidate 属性、ErrorMessage 属性、ForeColor 属

性、MaximumValue 属性、MinimumValue 属性和 Type 属性。

设置 ValidationSummary 控件的 ShowMessageBox 属性和 ShowSummary 属性。

程序代码如下：

```
<html xmlns="http://www.w3.org/1999/xhtml">
<head runat="server">
    <title></title>
</head>
<body>
    <form id="form1" runat="server">
    <div>
        姓名：<asp:TextBox ID="TextBox1" runat="server"></asp:TextBox>
        <asp:RequiredFieldValidator ID="RequiredFieldValidator1" runat="server"
ControlToValidate="TextBox1" ErrorMessage="用户名不能为空" ForeColor="#990000"
SetFocusOnError="True">用户名不能为空</asp:RequiredFieldValidator>
        <br />
        <br />
        语文：<asp:TextBox ID="TextBox2" runat="server"></asp:TextBox>
        <asp:RangeValidator ID="RangeValidator1" runat="server"
ControlToValidate="TextBox2" ErrorMessage="分数必须为0-100之间" ForeColor=
"#990000" MaximumValue="100" MinimumValue="0" Type="Integer"></asp:
RangeValidator>
        <br />
        <asp:ValidationSummary ID="ValidationSummary1" runat="server"
            ShowMessageBox="True" ShowSummary="False" />
        <br />
        <asp:Button ID="Button1" runat="server" onclick="Button1_Click"
Text="提交" />
    </div>
    </form>
</body>
</html>
```

实例程序运行结果如图 5.5 所示：

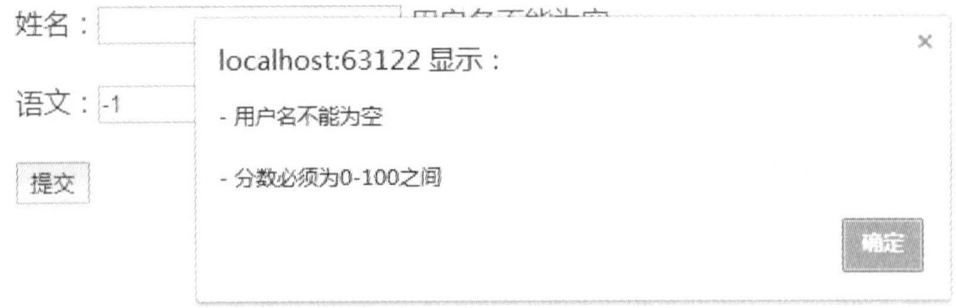

姓名：

语文：-1

提交

localhost:63122 显示：

- 用户名不能为空

- 分数必须为0-100之间

确定

图 5.5　程序运行结果

习题

设计一用户注册页面，分别对用户名长度、密码和确认密码一致及长度、姓名长度、身份证号码的正确性、联系电话的正确性作验证。新用户注册界面如图 5.6 所示：

新用户注册

用户名：

密码：

确认密码：

姓名：

身份证号码：

联系电话：

职业： 教师 ▼

民族： 布依族 ▼

注册

图 5.6　新用户注册

6 | 使用 OLE DB 操作数据库

6.1 OLE DB 简介

OLE DB 是微软用以统一方式访问不同的数据源的应用程序接口。OLE DB 不仅包括微软资助的标准数据接口开放数据库连通性（ODBC）的结构化查询语言（SQL）能力，还具有面向其他非 SQL 数据类型的通路。

作为微软的组件对象模型（COM）的一种设计，OLE DB 是一组读写数据的方法。OLE DB 中的对象主要包括数据源对象、阶段对象、命令对象和行组对象。使用 OLE DB 的应用程序会用到如下的请求序列：初始化 OLE 连接到数据源、发出命令、处理结果、释放数据源对象并停止初始化 OLE，对象连接与嵌入，简称 OLE 技术。OLE 不仅是桌面应用程序集成，而且还定义和实现了一种允许应用程序作为软件"对象"（数据集合和操作数据的函数）彼此进行"连接"的机制，这种连接机制和协议称为部件对象模型。

OLE 是一种面向对象的技术，利用这种技术可开发可重复使用的软件组件（COM）。DB（英文全称 data base，数据库）是依照某种数据模型组织起来并存放二级存储器中的数据集合。

OLE DB 组件模型中的各个部分被赋予不同的名称：

数据提供者（data provider）。它是提供数据存储的软件组件，小到普通的文本文件、大到主机上的复杂数据库，或者电子邮件存储，都是数据提供者的例子。有的文档把这些软件组件的开发商也称为数据提供者。

数据服务提供者（data service provider）。数据服务提供者位于数据提供者之上、从过去的数据库管理系统中分离出来独立运行的功能组件，例如查询处理器和游标引擎（cursor engine），这些组件使得数据提供者提供的数据以表状数据（tabular data）的形式向外表示，并实现数据的查询和修改功能。

业务组件（business component）。任务组件是利用数据服务提供者、专门完成某种特定业务信息处理、可以重用的功能组件。

数据消费者（Data Consumer）。数据消费者是指任何需要访问数据的系统程序或应用程序，它除了典型的数据库应用程序之外，还包括需要访问各种数据源的开发工具或语言。

OLE DB 与 ODBC 的关系：

由于 OLE DB 和 ODBC 标准都是为了提供统一的访问数据接口，所以曾经有人疑惑：OLE DB 是不是替代 ODBC 的新标准？答案是否定的。实际上，ODBC 标准的对象是基于 SQL 的数据源（SQL-Based Data Source），而 OLE DB 的对象则是范围更为广泛的任何数据存储。从这个意义上说，符合 ODBC 标准的数据源是符合 OLE DB 标准的数据存储的子集。符合 ODBC 标准的数据源要符合 OLE DB 标准，还必须提供相应的 OLE DB 服务程序（service provider），就像 SQL Server 要符合 ODBC 标准，就必须提供 SQL Server ODBC 驱动程序一样。现在，微软已经为所有的 ODBC 数据源提供了一个统一的 OLE DB 服务程序，叫作 ODBC OLE DB Provider。

6.2　OleDBConnection 对象属性

（1）ConnectionString：String 类型，唯一的非只读属性，控制对象连接数据源的方式。ConnectionString 在连接到数据源之后，属性为只读。

（2）ConnectionTimeOut：Int32 类型，以秒为单位，在计时结束之前尝试连接数据库。Jet 和 Oracle 的数据提供者不支持这一特性。

（3）Database：String 类型，返回已连接或即将连接的数据库名称，专为支持多个数据库的数据源设计。

（4）DataSource：String 类型，返回已连接或即将连接的数据源位置，基于服务器的数据存储，它会返回服务器计算机名；基于文件的数据库，会返回文件位置。

（5）Provider：String 类型，数据源提供者名称。

（6）State：ConnectionState 类型，是指对象的当前状态。

连接状态常量与说明如表 6.1 所示：

表 6.1　连接状态常量及说明

状态常量	值	说明
Broke	16	表示连接已经断开
Closed	0	连接已经关闭
Connecting	2	正在连接
Executing	4	正在执行查询
Fetching	8	查询正在取得数据
Open	1	连接已经打开

OleDBConnection 对象的方法如表 6.2 所示：

表 6.2　OleDBConnction 对象常用方法表

方法名	简述
BeginTransaction	在连接上启动一个事务
ChangeDatabase	在一个打开的连接上更改当前数据库
Close	关闭连接
CreateCommand	为当前连接创建一个 OleDbCommand
GetOleDbSchemaTable	从数据源获取架构信息
Open	打开连接
ReleaseObjectPool	从 Ole Db 连接池中释放连接

（1）Close（）方法：用于关闭 Connection 对象。如果你正在使用连接池，那么这个方法只不过将与数据源的物理连接放入连接池中。

（2）CreateCommand 方法：用于创建新的 Command 对象。该方法不接受任何参数，返回一个新的 Command 对象（返回的对象的 Connection 属性被设置为创建它的 Connection 对象）。

（3）Open 方法：用于尝试打开一个与数据源之间的连接。如果尝试连接失败，将会引发异常。在一个已经打开的连接上调用 Open 方法，会先关闭再重新打开该连接。

6.3　使用 OLEDBConnection 对象连接数据库

用户在对数据库进行所有的操作之前，要先建立数据库的连接。OLE DB 数据源包含具有 OLE DB 驱动程序的任何数据源，如 SQL Server、Access、Excel 和 Oracle 等。OLE DB 数据源连接字符串必须提供 Provide 属性及其值。

使用 OLE DB 方式连接 Access 数据库的语法格式：

OleDbcConnection myconn＝new OleDbConnection（"provider＝提供者；Data Source＝Access 文件路径"）；

string mystr ＝ "Provider ＝ Microsoft. ACE. OLEDB. 12. 0；Data Source ＝" ＋ server. MapPath（"数据库路径"）；

OleDbConnection conn ＝ new OleDbConnection（mystr）；

6.4　使用 Command 对象操作数据

用户在使用 connection 对象与数据源建立连接后，就可以使用 Command 对象对数据源执行检查、添加、删除和修改等各种操作，操作实现方式可以是使用 SQL 语句，也可以是使用存储过程。

Command 对象的常用属性如表 6.3 所示：

表 6.3　Command 对象的常用属性及说明

方法	说明
ExecuteNonQuery	执行 SQL 语句并返回受影响的行数
ExecuteReader	执行返回数据集的 Select 语句
ExecuteScalar	执行查询，并返回查询所返回的结果集中第一行的第一列

6.4.1　使用 Command 对象查询数据

用户在查询数据库中的记录时，首先要创建 OLEDBConnection 对象连接数据库，然后定义查询字符串，最后将查询的数据记录绑定到数据控件上。

【例 6.1】使用 Command 对象查询数据库中记录。

本实例主要讲在 ASP. NET 应用程序中如何使用 Command 对象查询数据库中的记录，执行程序，在"请输入学号"文本框中输入"20190101"，并单击"查询按钮"，将会在界面上显示查询结果。程序运行结果如图 6.1 所示：

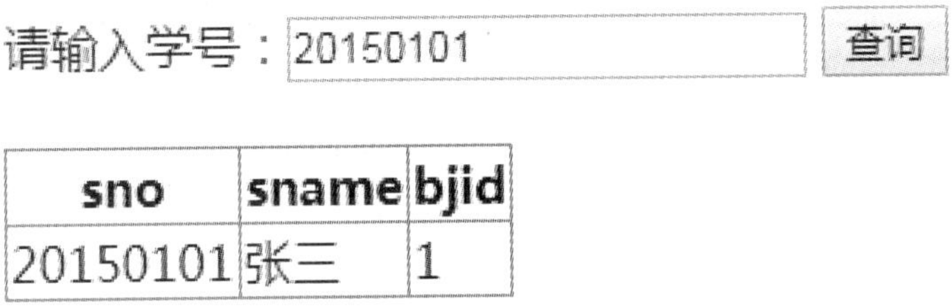

请输入学号：20150101　　　　　　　查询

sno	sname	bjid
20150101	张三	1

图 6.1　程序运行结果

程序实现的主要步骤如下：

（1）新建一个网站，在 Default2. aspx 页面上分别添加一个 TextBox 控件、一个 Button 控件和一个 GridView 控件，并把 Button 控件的 Text 属性设为"查询"。

（2）在 Web. config 文件中配置数据库连接字符串，在配置节<configuration>下的子配置节<appSettings>中添加连接字符串，代码如下：

```
<configuration>
  <appSettings>
    <add key="CONN" value="Provider=Microsoft.ACE.OLEDB.12.0; Data Source=" />
    <add key="dbPath" value="~/aaa.accdb" />
  </appSettings>
<connectionStrings>
```

（3）在"查询"按钮的 Click 事件下，使用 Command 对象查询数据库中的记录，并将查询结果显示出来。代码如下：

```
using System;
using System.Collections.Generic;
using System.Linq;
```

```
using System. Web;
using System. Web. UI;
using System. Web. UI. WebControls;
using System. Data. OleDb;
using System. Configuration;
using Microsoft. VisualBasic;
using System. Windows. Forms;

public partial class Default7 : System. Web. UI. Page
{
        public OleDbConnection getconnection ()
        {
                string mystr = System. Configuration. ConfigurationManager. AppSettings
["CONN"] . ToString (  ) + System. Web. HttpContext. Current. Server. MapPath
(ConfigurationManager. AppSettings ["dbpath"] + ";") ;
            OleDbConnection conn = new OleDbConnection (mystr);
            return conn;
}
    protected void bind ()
    {
            OleDbConnection conn1 = getconnection ();
            string sql = "select * from stu where sno='" + TextBox1. Text + "'";
            OleDbCommand mycmd = new OleDbCommand (sql, conn1);
            mycmd. Connection = conn1;
            conn1. Open ();
            OleDbDataReader dr;
            dr = mycmd. ExecuteReader ();
            GridView1. DataSource = dr;
            GridView1. DataBind ();
            dr. Dispose ();
            mycmd. Dispose ();
            conn1. Close ();
}
    protected void bind1 ()
    {
            OleDbConnection conn1 = getconnection ();
            string sql = "select * from stu";
            OleDbCommand mycmd = new OleDbCommand (sql, conn1);
            mycmd. Connection = conn1;
```

6 使用 OLE DB 操作数据库

```
            conn1. Open ( ) ;
            OleDbDataReader dr ;
            dr = mycmd. ExecuteReader ( ) ;
            GridView1. DataSource = dr ;
            GridView1. DataBind ( ) ;
            dr. Dispose ( ) ;
            mycmd. Dispose ( ) ;
            conn1. Close ( ) ;
    }

protected void Page_ Load ( object sender , EventArgs e )
    {
        if ( ! IsPostBack )
        {
            bind1 ( ) ;
        }
    }

protected void Button1_ Click ( object sender , EventArgs e )
    {
        if ( TextBox1. Text ! = "" )
        {
            bind ( ) ;
        }
        else
        {
            MessageBox. Show ( "请在文本框中输入学号?" ) ;
        }
    }
```

6.4.2　使用 command 对象添加数据

用户向数据库添加记录时，首先要创建 OLEDBConnection 对象连接数据库，然后定义添加记录的 SQL 字符串，最后调用 OLEDBConnection 对象的 ExecuteNonQuery 方法执行记录的添加操作。

【例 6.2】使用 Command 对象添加记录。

本实例主要讲在 ASP. NET 应用程序中如何使用 Command 对象向数据库添加记录，执行程序，在文本框输入学生的学号、姓名和班级编号，单击"添加"按钮，将会把记录添加到数据库。程序运行结果如图 6.2 所示：

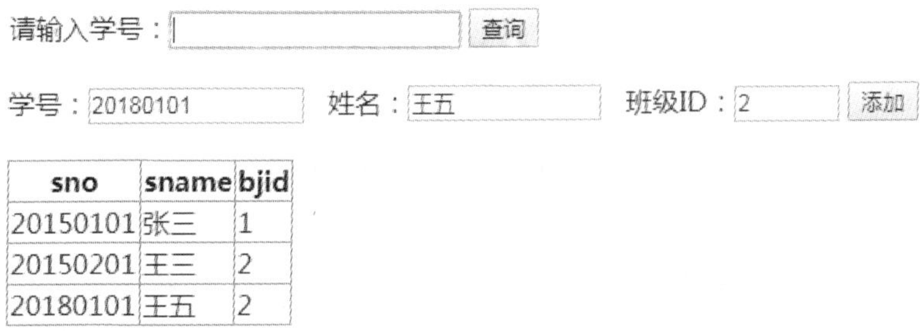

图 6.2　程序运行结果

程序实现的主要步骤如下：

（1）打开例 6.1，在 Default2. aspx 页面上分别添加 3 个 TextBox 控件、一个 Button 控件，并把 Button 控件的 Text 属性设为"添加"。

（2）在"添加"按钮的 Click 事件下，使用 Command 对象将文本框中值添加到数据库中，并将其显示出来，代码如下：

```
protected void Button2_ Click （object sender，EventArgs e）
    {
        if （TextBox2. Text ！ = "" && TextBox3. Text ！ = "" && TextBox4. Text
! = ""）
        {
            OleDbConnection conn1 = getconnection （）;
            string sql = " insert into stu values （'" + TextBox2. Text + "','" +
TextBox3. Text + "','" + TextBox4. Text + "'）";
            OleDbCommand mycmd = new OleDbCommand （sql, conn1）;
            conn1. Open （）;
            mycmd. ExecuteNonQuery （）;
            mycmd. Dispose （）;
            conn1. Close （）;
            bind1 （）;
        }
    }
```

6.4.3　使用 Command 对象修改数据

用户在修改数据库中的记录时，首先要创建 OLEDBConnection 对象连接数据库，然后定义修改记录的 SQL 字符串，最后调用 OLEDBConnection 对象的 ExecuteNonQuery 方法执行记录的修改操作。

【例 6.3】使用 Command 对象修改记录。

本实例主要讲在 ASP. NET 应用程序中如何使用 Command 对象修改数据表中的记录，执行程序，点击"编辑"按钮，在相应的文本框中修改相应的姓名和班级 ID，点击"更新"按钮，即可修改数据表中的记录。

程序运行结果如图 6.3 所示：

请输入学号：[　　　　　　] [查询]

学号：[　　　] 姓名：[　　　] 班级ID：[　　] [添加]

	sno	sname	bjid
编辑	20150101	张三	1
编辑	20150201	王二	2
编辑	20180101	王五	2

图 6.3　程序运行结果

当点击"编辑"按钮，用户可以修改姓名和班级信息，程序运行结果如图 6.4
所示：

请输入学号：[　　　　　　] [查询]

学号：[　　　] 姓名：[　　　] 班级ID：[　　] [添加]

	sno	sname	bjid
编辑	20150101	张三	1
更新 取消	20150201	王四	2
编辑	20180101	王五	2

图 6.4　编辑信息界面

当编辑完相关信息后，用户点击"更新"按钮则完成修改，如果用户点击"取
消"按钮，则取消该次操作。程序运行结果如图 6.5 所示：

请输入学号：[　　　　　　] [查询]

学号：[　　　] 姓名：[　　　] 班级ID：[　　] [添加]

	sno	sname	bjid
编辑	20150101	张三	1
编辑	20150201	王四	2
编辑	20180101	王五	2

图 6.5　确认和取消编辑界面

程序实现的主要步骤如下：

（1）打开例 6.1，将 GridView 控件的 AutoGenerateEditButton（获取或设置一个值，
该值指示每个数据行是否自动添加"编辑"按钮）属性值设置为 true，将"编辑"按
钮添加到 GridView 控件中。

（2）修改 bind（）方法，指定 GridView 控件绑定的关键字段。

程序代码如下：

```
protected void bind（）
{
    OleDbConnection conn1 = getconnection（）；
```

```
string sql = "select * from stu;
OleDbCommand mycmd = new OleDbCommand (sql, conn1);
mycmd. Connection = conn1;
conn1. Open ();
OleDbDataReader dr;
dr = mycmd. ExecuteReader ();
GridView1. DataSource = dr;
GridView1. DataKeyNames =new string [] { "sno" };     //指定 GridView 控件
```
绑定的关键字段
```
GridView1. DataBind ();
dr. Dispose ();
mycmd. Dispose ();
conn1. Close ();
}
```

（3）单击 GridView 控件上的"编辑"按钮，将会触发 GridView 控件的 RowEditing 事件，在该事件下，编写代码指定需要编辑信息行的索引值。

程序代码如下：

```
protected void GridView1_RowEditing (object sender, GridViewEditEventArgs e)
{
    GridView1. EditIndex = e. NewEditIndex;
    bind1 ();
}
```

（4）点击 GridView 控件上的"更新"按钮时，将会触发 GridView 控件的 RowUpdating 事件，在该事件下，编写代码对指定信息进行更新。

程序代码如下：

```
protected void GridView1_RowUpdating (object sender, GridViewUpdateEventArgs e)
{
    string sno = GridView1. DataKeys [e. RowIndex] . Value. ToString ();
    string sname = ((System. Web. UI. WebControls. TextBox) (GridView1. Rows
[e. RowIndex] . Cells [2] . Controls [0] )) . Text. ToString ();
    int classID = Convert. ToInt32 ( ( (System. Web. UI. WebControls. TextBox)
(GridView1. Rows [e. RowIndex] . Cells [3] . Controls [0] )) . Text. ToString () );
    string sql = "update stu set sname ='" + sname + "', bjid = " +classID +"
where sno ='" + sno+"'";
    OleDbConnection conn1 = getconnection ();
    OleDbCommand mycmd = new OleDbCommand (sql, conn1);
    conn1. Open ();
    mycmd. ExecuteNonQuery ();
    mycmd. Dispose ();
```

```
            conn1. Close ();
            GridView1. EditIndex = -1;
            bind1 ();
    }
```

（5）单击 GridView 控件上的"取消"按钮时，将会触发 GridView 控件的 RowCancelingEdit 事件，该事件将取消对指定信息的编辑。

程序代码如下：

```
protected void GridView1_RowCancelingEdit (object sender, GridViewCancelEditEventArgs e)
    {
            GridView1. EditIndex = -1;
            bind1 ();
    }
```

6.4.4 使用 Command 对象删除数据

用户在删除数据库中的记录时，首先要创建 OLEDBConnection 对象连接数据库，然后定义删除记录的 SQL 字符串，最后调用 OLEDBConnection 对象的 ExecuteNonQuery 方法执行记录的删除操作。

【例 6.4】使用 Command 对象删除记录。

本实例主要讲在 ASP. NET 应用程序中，用户如何使用 Command 对象删除数据表中的记录、执行程序，用户点击"删除"按钮，即可删除数据表中的记录。

程序实现的主要步骤如下：

（1）打开 6.4.1 例题，将 GridView 控件的 AutoGenerateDeleteButton（获取或设置一个值，该值指示每个数据行是否自动添加"删除"按钮）属性值设置为 true，将"删除"按钮添加到 GridView 控件中。

（2）调用 bind（）方法，读取数据库中的信息，指定 GridView 控件绑定的关键字段。

（3）单击 GridView 控件上的"删除"按钮时，将会触发 GridView 控件的 RowDeleting 事件，在该事件下，编写如下代码删除指定信息。

程序代码如下：

```
protected void GridView1_RowDeleting (object sender, GridViewDeleteEventArgs e)
    {
            string sno = GridView1. DataKeys [e. RowIndex] . Value. ToString ();
            string sql = "delete from stu where sno='" + sno + "'";
            OleDbConnection conn1 = getconnection ();
            OleDbCommand mycmd = new OleDbCommand (sql, conn1);
            DialogResult i = MessageBox. Show ("您确定要删除该记录吗?", "删除确认!", MessageBoxButtons. OKCancel);
            if (i == DialogResult. OK)
            {
```

```
            conn1. Open（）;

            mycmd. ExecuteNonQuery（）;

            mycmd. Dispose（）;

            conn1. Close（）;

        }

    GridView1. EditIndex = -1;

    bind1（）;

    }
```

习题

1. 写一个连接到 access 数据库的连接串，数据库名为"stu. accdb"。
2. 编程显示 stu. accdb 数据库的 student 表内的所有数据。
3. 上机调试本章中的例题。

6 使用 OLE DB 操作数据库

7 | 留言板管理系统

本章通过一个大型且较为完整的留言板管理系统，运用软件工程的设计思想，让读者学习如何进行软件项目的实战开发。

7.1　系统分析

留言板系统面向两类用户：网友和管理员。网友可以留言和查看当前留言。管理员可以查看当前留言，回复留言和删除留言。

留言板系统需要实现以下功能：网友留言、显示留言、管理员登录、管理员回复留言、管理员删除留言。其中每个功能的详细描述如下：

①网友留言：网友需要输入自己的昵称、QQ号、邮箱及留言内容进行留言。

②显示留言：对网友的留言按照时间顺序显示，点击其中某条留言则显示相关留言内容：网友昵称、留言时间、留言内容、管理员回复内容。

③管理员登录：管理员在进入登录界面后，输入用户名和密码登录，登录后可以回复留言和删除留言。

④管理员回复留言：管理员登录后可回复留言，回复后的留言需要在留言列表中显示。

⑤管理员删除留言：管理员登录后可删除留言，删除时需要弹出对话框确认再删除。

7.2　系统功能结构

通过需求分析，留言管理系统的主要功能包括网友留言、网友修改自己的留言、网友删除自己的留言、显示留言、管理员登录、管理员回复留言、管理员删除留言等。功能模块如图 7.1 所示：

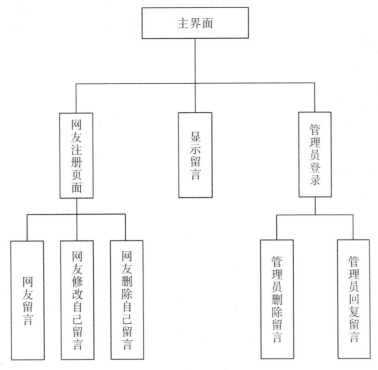

图 7.1　功能模块图

7.3　数据库与数据表设计

通过需求分析，我们可以总结出数据库中包含如下数据表，见表 7.1–表 7.7。

表 7.1　文章表（article）

字段名	数据类型	备注
ID	自动增长型	文章编号
Userid	长整型	用户 id
Title	文本	标题
Content	文本	内容
Replycount	整型	回复次数
Savedate	日期时间型	发布时间
Ip	文本	发布者 ip 地址
Sh	文本	是否审核

表 7.2　点击表（click）

字段名	数据类型	备注
ID	自动增长型	点击记录 id
Aid	长整型	文章 id
Clickcount	整型	点击次数

表 7.3　回复表（reply）

字段名	数据类型	备注
ID	自动增长型	回复记录 id
Userid	长整型	用户 id
Aid	长整型	文章 id
Reply	文本	回复内容
Savedate	日期时间型	回复时间

表 7.4　用户表（user1）

字段名	数据类型	备注
ID	自动增长型	用户 id
Username	文本	用户名
Pwd	文本	密码
Xm	文本	姓名
Qx	短整型	用户权限
Sfz	文本	身份证号码
Dh	文本	联系电话
Zyid	整型	职业 id
Mzid	整型	民族 id

表 7.5　职业表（zy）

字段名	数据类型	备注
Zyid	自动增长型	职业 id
Zy	文本	职业名称

表 7.6　民族表（mz）

字段名	数据类型	备注
Mzid	自动增长型	民族 id
Mz	文本	民族名称
Reply	文本	回复内容

字段名	数据类型	备注
Savedate	日期时间型	回复时间

表 7.7 权限表（qx）

字段名	数据类型	备注
Qxid	数字	权限 id
Qxmc	文本	权限名称

表 7.1~表 7.7 之间的关联关系如图 7.2 所示：

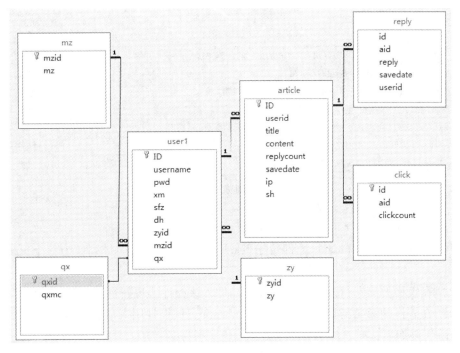

图 7.2 表之间关联关系图

7.4 配置 web. config

为了方便数据操作和网页维护，用户可以将一些配置参数放在 Web. config 文件中。本实例主要在 web. config 文件中配置连接数据库的字符串。

程序代码如下：

```
<configuration>
    <appSettings>
        <add key = " CONN"  value = " Provider = Microsoft. ACE. OLEDB. 12. 0； Data
Source = "/>
```

```
                <add key="dbpath" value="~/ly.accdb"/>
        </appSettings>
</configuration>
```

7.5　模块设计说明

7.5.1　浏览留言列表页面实现过程

通过浏览留言列表页面，用户可以查看留言列表。运行页面效果如图 7.3 所示：

文章标题	回复	日期	查看
			发布留言
我校参加贵州省2018年"互联网+"大学生创新创业大赛教师培训会	2 次	2018-05-16	标题
2019年9月高考英语听力考试成绩公布	4 次	2018-05-18	标题
设置新闻为推荐，但在首页没有显示标题，只显示时间	2 次	2018-05-21	标题
求助！搭好手机站为什么生成不了静态页	2 次	2019-05-27	标题
大家都用的什么虚拟主机或服务器呢？我用的三丰云的空间，很稳定，舒服~！	0 次	2019-05-27	标题
[求助]如何把tags中文url变成拼音	0 次	2019-06-01	标题
[求助]IIS版本号可以被识别，请问如何修复？	0 次	2019-06-01	标题

图 7.3　浏览留言页面

实现浏览留言列表页面的步骤如下：

（1）将一个表格（table）控件置于 list.aspx 页中，且居中排列，为整个页面进行布局。

（2）在表格的第一行加入一个 Button 控件，该控件实现新留言的添加操作。

（3）在表格的第二行加入一个 GridView 控件，该控件用来显示留言。

前端代码如下：

```
<table class="style1" align="center">
        <tr>
            <td style="text-align:right">
                <asp:Button ID="Button1" runat="server" onclick="Button1_Click"
Text="发布留言" />
            </td>
        </tr>
        <tr>
            <td>
<asp:GridView ID="GridView1" runat="server" CaptionAlign="Bottom"
CellPadding="4" ForeColor="#333333" GridLines="Both"    AutoGenerateColumns=
"false" OnRowDataBound="GridView1_RowDataBound">
<RowStyle BackColor="#fffbd6" ForeColor="#333333" />
```

```
<Columns>
<asp：BoundField DataField="title" HeaderText="文章标题" InsertVisible="false"
ReadOnly="true" />
<asp：BoundField DataField="replycount" DataFormatString="｛0｝次"
HeaderText="回复" />
<asp：BoundField DataField="savedate" HeaderText="日期" DataFormatString=
"｛0：yyyy-MM-dd｝"/>
<asp：HyperLinkField DataNavigateUrlFields="ID" DataNavigateUrlFormatString=
"view. aspx？ID=｛0｝" HeaderText="查看" Target="_blank" Text="标题" />
</Columns>
</asp：GridView>
</td>
</tr>
</table>
```

（4）后台程序代码。

数据库连接，程序代码如下：

```
public OleDbConnection getconnection（）
    ｛
            string mystr = System. Configuration. ConfigurationManager. AppSettings
［"CONN"］. ToString（） + System. Web. HttpContext. Current. Server. MapPath
（ConfigurationManager. AppSettings ［"dbpath"］ + "；"）;
        OleDbConnection conn = new OleDbConnection（mystr）;
        return conn;
    ｝
```

GridView 控件中数据显示，程序代码如下：

```
protected void bind（）
    ｛
        OleDbConnection conn1 = getconnection（）;
        string sql = "select ID, title, replycount, savedate from article";
        OleDbCommand mycmd = new OleDbCommand（sql, conn1）;
        mycmd. Connection = conn1;
        conn1. Open（）;
        OleDbDataReader dr;
        dr = mycmd. ExecuteReader（）;
        GridView1. DataSource = dr;
        GridView1. DataKeyNames = new string［］｛"ID"｝;
        GridView1. DataBind（）;
        dr. Dispose（）;
        mycmd. Dispose（）;
```

```
        conn1. Close（）；
    }
```

页面加载时调用留言显示方法 bind（），程序代码如下：

```
    protected void Page_ Load（object sender，EventArgs e）
    {
        if（！IsPostBack）
            bind（）；
    }
```

鼠标在 GridView 控件上移动时，数据行高亮显示，程序代码如下：

```
    protected void GridView1 _ RowDataBound（object sender，GridViewRowEvent
Args e）
    {
        if（e. Row. RowType = = DataControlRowType. DataRow）
        {
            e. Row. Attributes. Add（"onmouseover"，"currentcolor = this. style.
backgroundColor；this. style. backgroundColor = '#CDCFD8'；"）；
            e. Row. Attributes. Add（"onmouseout"，" this. style. backgroundColor =
currentcolor；"）；
        }
    }
```

7.5.2 浏览具体留言内容及回复留言页面实现过程

通过浏览具体留言内容页面，用户可以查看具体的留言及留言回复信息。运行页面效果如图 7.3 所示：

	张三	我校参加贵州省2018年"互联网+"大学生创新创业大赛教师培训会	2018-05-16
我校参加贵州省2018年"互联网+"大学生创新创业大赛教师培			
	回复	李四	2019-10-19
很好，有利于与学生实践能力的提升和整体学业水平的提高。			

回复

图 7.3 查看留言及回复留言

实现浏览具体留言内容及回复留言页面的步骤如下：

（1）将两个 Repeater 控件至于 view. aspx 页中，分别用来显示留言内容和该留言的回复信息。

（2）在页面的下端添加一个两行一列的表格，分别用来放回复留言的文本框和回复按钮。

前端程序代码如下：

```
<asp：Repeater ID="Repeater1" runat="server">
        <HeaderTemplate>
                <table width="80%" border="0" align="center" cellpadding="3"
cellpadding="1" bgcolor="#cccccc" style="font-size：9pt">
        </HeaderTemplate>
        <ItemTemplate>
            <tr bgcolor="#eeeeee">
                <td width="10%"> ；</td>
                <td width="27%" align="center"><%#Eval（"xm"）%></td>
                <td width="40%" align="center"><%#Eval（"title"）%></td>
                <td width="23%" align="center"><%#Eval（"savedate"，"｛0:
yyyy-MM-dd｝"）%></td>
            </tr>
            <tr bgcolor="#ffffff">
                <td colspan="4"><pre><%#Eval（"content"）%></pre></td>
            </tr>
        </ItemTemplate>
        <FooterTemplate>
        </table>
        </FooterTemplate>
        </asp：Repeater>
    </div>
    <div>
    <asp：Repeater ID="Repeater2" runat="server">
    <HeaderTemplate>
            <table style="font-size：9pt" width="80%" border="0" align="center"
cellpadding="3" cellspacing="1" bgcolor="#cccccc">
    </HeaderTemplate>
    <ItemTemplate>
            <tr bgcolor="#eeeeee">
                    <td width="50%" align="center">回复</td>
                    <td width="27%" align="center"><%#Eval（"xm"）%></td>
                    <td width="23%" align="center"><%#Eval（"savedate"，"｛0:
yyyy-MM-dd｝"）%></td>
```

```
            </tr>
            <tr bgcolor="#ffffff">
                    <td colspan="3"><pre><%#Eval（"reply"）%></pre></td>
            </tr>
        </ItemTemplate>
        <FooterTemplate>
            </table>
        </FooterTemplate>
        </asp：Repeater>
    </div>
    <div>
    </br>
            <table width="80%" align="center">
              <tr>
                <td align="center">
                    <asp：TextBox ID="TextBox1" runat="server" Height="167px"
Width="100%"></asp：TextBox>
                </td>
              </tr>
              <tr>
                <td align="center">
                    <asp：Button ID="Button1" runat="server" Text="回复"
onclick="Button1_Click" />
                </td>
              </tr>
            </table>
```

后台程序功能代码：

定义一个全局类，用来存放变量值。

```
public class qj
{
    public static long id;
    public static string title;
}
```

获取值的方法如下：

```
    qj.id =Convert.ToInt32（Request.QueryString["ID"]）;
```

显示留言具体信息，程序代码如下：

```
protected void bind（）
    {
    OleDbConnection conn1 = getconnection（）;
```

```
        qj. id = Convert. ToInt32（Request. QueryString［"ID"］）;
        string sql = "select article. ID, title, savedate, content, xm from article, user1
where user1. ID = article. userid and article. ID = " + qj. id;
        OleDbCommand mycmd = new OleDbCommand（sql, conn1）;
        conn1. Open（）;
        OleDbDataReader dr;
        dr = mycmd. ExecuteReader（）;
        Repeater1. DataSource = dr;
        Repeater1. DataBind（）;
        dr. Dispose（）;
        mycmd. Dispose（）;
        conn1. Close（）;
        }
```

显示留言回复信息，程序代码如下：

```
protected void bind1（）
    {
        OleDbConnection conn1 = getconnection（）;
        string sql = "select reply. savedate, reply. reply, xm from reply, user1 where
user1. ID = reply. userid and aid = " + qj. id;
        OleDbCommand mycmd = new OleDbCommand（sql, conn1）;
        mycmd. Connection = conn1;
        conn1. Open（）;
        OleDbDataReader dr;
        dr = mycmd. ExecuteReader（）;
        Repeater2. DataSource = dr;
        Repeater2. DataBind（）;
        dr. Dispose（）;
        mycmd. Dispose（）;
        conn1. Close（）;
    }
```

回复留言并将回复内容显示出来。程序代码如下：

```
protected void Button1_Click（object sender, EventArgs e）
    {
        if（Convert. ToString（Session［"username"］）= = ""）    //判断用户是否登
录，如果未登录，则退出该程序返回登录页面
        {
            Response. Redirect（"login. aspx"）;
            return;
        }
```

```
OleDbConnection conn1 = getconnection ();
    string sql = " select ID from user1 where username ='" + Session
["username"] + "'"; //通过用户名查找用户 ID
OleDbCommand mycmd = new OleDbCommand (sql, conn1);
conn1. Open ();
long userid1 = 0;
OleDbDataReader dr;
dr = mycmd. ExecuteReader ();
while (dr. Read () )
    userid1 = dr. GetInt32 (0);
conn1. Close ();
mycmd. Dispose ();
dr. Dispose ();
string sql1 = " insert into reply (aid, reply, savedate, userid) values (" +
qj. id + ",'" + TextBox1. Text + "', now (),"+userid1+")"; //添加回复信息内容
OleDbCommand mycmd1 = new OleDbCommand (sql1, conn1);
conn1. Open ();
mycmd1. ExecuteNonQuery ();
MessageBox. Show ("添加成功!", "回复对话框");
mycmd. Dispose ();
conn1. Close ();
bind1 (); //刷新回复记录显示
string sql2 = "update article set replycount = replycount+1 where ID =" + qj. id; //
更新 article 表中回复次数
OleDbCommand mycmd2 = new OleDbCommand (sql1, conn1);
conn1. Open ();
mycmd2. ExecuteNonQuery ();
    }
```

7.5.3 用户注册页面实现过程

通过用户注册页面，用户可以注册账号，注册后可以发布留言和回复留言，没有注册登录的用户只能浏览留言和回复信息。运行页面效果如图 7.4 所示：

实现新用户注册页面的步骤如下：

（1）将一个表格（table）控件至于 register. aspx 页中，且居中排列，为整个页面进行布局。

（2）在表格的第一列输入相应的文字信息（见图 7.4），在表格的第二列加入文本框（TextBox）和下拉列表框（DropDownList）；加入 RegularExpressionValidator 控件对用户名作相应的长度取值范围验证、身份证号码是否正确验证、联系电话号码是否正确验证；RequiredFieldValidator 控件对用户名是否为空进行验证；CompareValidator 控件

对密码和确认密码是否一致进行验证。

新用户注册

用户名：_____

密码：_____

确认密码：_____

姓名：_____

身份证号码：_____

联系电话：_____

职业：　教师　▼

民族：　布依族 ▼

注册

图 7.4　新用户注册页面

（3）在表格的最后一行加入一个 Button 控件，用来提交注册信息完成注册。前端程序代码如下：

```
<table align="center" cellpadding="5" cellspacing="5">
        <tr>
                <td colspan="2" style="text-align：center">
                    新用户注册</td>
        </tr>
        <tr>
            <td>
                用户名：</td>
            <td>
                <asp：TextBox ID="TextBox1" runat="server" AutoPostBack=
"True"
    ontextchanged="TextBox1_TextChanged"></asp：TextBox>
                <asp：Label ID="Label1" runat="server" ForeColor="#990000"
></asp：Label>
            </td>
        </tr>
        <tr>
            <td>
                密码：</td>
```

```
                    <td>
                            <asp：TextBox ID="TextBox2" runat="server" ontextchanged=
"TextBox2_TextChanged"></asp：TextBox>
                                <asp：RegularExpressionValidator ID="RegularExpressionValidator3"
runat="server"
                                    ControlToValidate="TextBox2" ErrorMessage="长度应为
8~12位的数字或字母" ForeColor="#990000"
        ValidationExpression="\w{8，12}"></asp：RegularExpressionValidator>
                        </td>
                </tr>
                <tr>
                        <td class="style3">
                            确认密码：</td>
                        <td>
                                <asp：TextBox ID="TextBox3" runat="server"></asp：
TextBox>
                                <asp：CompareValidator ID="CompareValidator1" runat=
"server"
                                    ControlToCompare="TextBox2" ControlToValidate="TextBox3"
                                    ErrorMessage="密码和确认密码不一致" ForeColor="#
990000"></asp：CompareValidator>
                        </td>
                </tr>
                <tr>
                        <td class="style4">
                            姓名：</td>
                        <td class="style5">
                                <asp：TextBox ID="TextBox4" runat="server"></asp：
TextBox>
                                <asp：RequiredFieldValidator ID="RequiredFieldValidator1"
runat="server"
                                    ControlToValidate="TextBox4" ErrorMessage="姓名不能
为空" ForeColor="#990000"></asp：RequiredFieldValidator>
                        </td>
                </tr>
                <tr>
                        <td class="style3">
                            身份证号码：</td>
                        <td>
```

```
                                    <asp：TextBox ID = " TextBox5" runat = " server" ></asp：
TextBox>
                                    <asp：RegularExpressionValidator ID ="RegularExpressionValidator1"
runat ="server"
                                        ControlToValidate = "TextBox5" ErrorMessage = " 身份证不
合法" ForeColor = "#990000"
            ValidationExpression ="\d｛17｝［\d|X］|\d｛15｝"></asp：RegularExpressionValidator>
                        </td>
                    </tr>
                    <tr>
                        <td class = "style3" >
                            联系电话：</td>
                        <td>
                                    <asp：TextBox ID = " TextBox6" runat = " server" ></asp：
TextBox>
                                    <asp：RegularExpressionValidator ID ="RegularExpressionValidator2"
runat ="server"
                                        ControlToValidate = "TextBox6" ErrorMessage = "联系电话
不合法" ForeColor = "#990000"
            ValidationExpression = " ^1［34578］\d｛9｝$ " > </asp：
RegularExpressionValidator>
                        </td>
                    </tr>
                    <tr>
                        <td class = "style3" >
                            职业：</td>
                        <td>
                            <asp：DropDownList ID = " DropDownList1" runat = "server"
                                DataSourceID = "AccessDataSource1" DataTextField = " zy"
DataValueField = "zyid" >
                            </asp：DropDownList>
                            <asp：AccessDataSource ID = " AccessDataSource1" runat =
"server"
                                    DataFile = " ~/ly. accdb" SelectCommand = " SELECT
［zyid］,［zy］FROM［zy］">
                            </asp：AccessDataSource>
                        </td>
                    </tr>
                    <tr>
```

7 留言板管理系统

```
                    <td class="style3">
                            民族：</td>
                    <td>
                            <asp：DropDownList ID="DropDownList2" runat="server"
                                    DataSourceID="AccessDataSource2" DataTextField="mz"
DataValueField="mzid">
                            </asp：DropDownList>
                             <asp：AccessDataSource ID="AccessDataSource2" runat=
"server"
                                    DataFile="~/ly.accdb" SelectCommand="SELECT
[mzid],[mz] FROM [mz]">
                            </asp：AccessDataSource>
                    </td>
                </tr>
                <tr>
                    <td class="style2">
                             </td>
                    <td>
                                <asp：Button ID="Button1" runat="server" onclick=
"Button1_Click" Text="注册" />
                    </td>
                </tr>
            </table>
```

后台程序代码如下：

当用户名已被注册，则该用户不能注册，注册按钮变为不可用。

```
protected void TextBox1_TextChanged（object sender，EventArgs e）
    {
        OleDbConnection conn1 = getconnection（）;
        string sql = "select username from user1 where username='" +
TextBox1.Text + "'";
        OleDbCommand mycmd = new OleDbCommand（sql，conn1）;
        conn1.Open（）;
        OleDbDataReader dr;
        dr = mycmd.ExecuteReader（）;
        if（dr != null && dr.Read（））
            {
                Label1.Text ="用户名已经存在，请重新输入";
                Button1.Enabled =false;
                dr =null;
```

```
            }
        else
            {
                Label1. Text ="";
                Button1. Enabled =true;
            }
    }
```

当所填信息都验证通过后，提交注册按钮则完成注册操作。程序代码如下：

```
protected void Button1_Click（object sender，EventArgs e）
    {
        OleDbConnection conn1 = getconnection（）;
        string sql = "insert into user1（username，pwd，xm，sfz，dh，zyid，mzid，qx）
values（'" + TextBox1. Text + "','" + TextBox2. Text + "','" + TextBox4. Text + "','" +
TextBox5. Text + "','" + TextBox6. Text + "'," + DropDownList1. SelectedValue + "," +
DropDownList2. SelectedValue + "，0)";
        OleDbCommand mycmd = new OleDbCommand（sql，conn1）;
        conn1. Open（）;
        mycmd. ExecuteNonQuery（）;
        MessageBox. Show（"注册成功"）;
        System. Web. HttpContext. Current. Session［"username"］= TextBox1. Text;
        conn1. Close（）;
        mycmd. Dispose（）;
        Response. Redirect（"listadd. aspx"）;
    }
```

7.5.4 用户登录页面实现过程 ├────────────────────

通过登录页面登录后，用户就可以发布留言和回复留言，没有登录的用户只能浏览留言和回复信息。运行程序页面效果如图 7.5 所示：

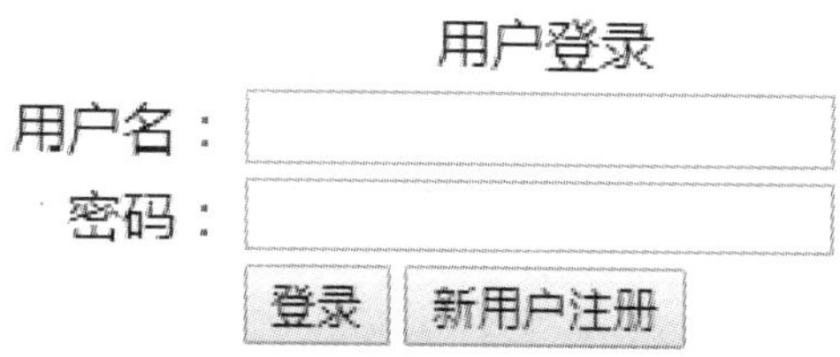

图 7.5　用户登录页面

实现用户登录页面的步骤如下：

（1）将一个表格（table）控件至于 login. aspx 页中，且居中排列，为整个页面进行布局。

（2）在表格的第一列输入相应的文字信息（见图 7.5），在表格的第二列加入文本框（TextBox）并设置文本框的属性。

（3）在表格的最后一行加入两个 Button 控件，用来完成登录功能和新用户注册页面的链接功能。

前端程序代码如下：

```
<table align="center" class="style1">
    <tr>
        <td colspan="2" style="text-align: center">
        用户登录</td>
    </tr>
    <tr>
        <td class="style2">
            用户名：</td>
        <td>
            <asp: TextBox ID="TextBox1" runat="server"></asp: TextBox>
        </td>
    </tr>
    <tr>
        <td class="style2">
            密码：</td>
        <td>
            <asp: TextBox ID="TextBox2" runat="server"></asp: TextBox>
        </td>
    </tr>
    <tr>
        <td>
              </td>
        <td>
            <asp: Button ID="Button1" runat="server" onclick="Button1_
Click" Text="登录" />
            <asp: Button ID="Button2" runat="server" onclick="Button2_
Click" Text="新用户注册" />
        </td>
    </tr>
</table>
```

后台程序代码如下：

```
protected void bind()；//定义登录方法
{
    OleDbConnection conn1 = getconnection();
    string sql = "select username, qx from user1 where username ='" +
```

```
TextBox1. Text + "′ and pwd =′" + TextBox2. Text + "′";
        OleDbCommand cmd = new OleDbCommand (sql, conn1);
        OleDbDataReader dr;
        conn1. Open ();
        dr = cmd. ExecuteReader ();
        int i = 0;
        string qx = "";
        while (dr. Read ())
        {
            qx = dr. GetString (1)
            System. Web. HttpContext. Current. Session ["username"] = dr. GetString (0);
            i = i + 1;
        }
        if (i = = 0)
        {
            MessageBox. Show ("用户名或密码错误!");
        }
        else
        {
            if (qx = = "0")
                Response. Redirect ("listadd. aspx");
            else
                Response. Redirect ("index. html");
        }
        dr. Dispose ();
        cmd. Dispose ();
        conn1. Close ();
    }
    protected void Button1_Click (object sender, EventArgs e); //调用 bind () 方法实
现登录
    {
        bind ();
    }
    protected void Button2_Click (object sender, EventArgs e); //跳转到 register. aspx 页
面完成注册功能
    {
        Response. Redirect ("register. aspx");
    }
```

7.5.5 发布、修改留言页面实现过程

用户通过登录页面登录后就可以发布留言，发布留言的用户只需输入留言的标题和内容，点击提交即可完成留言的发布；用户在发布留言后，如果留言未审核通过，则可以修改留言。运行程序页面效果如图7.6所示：

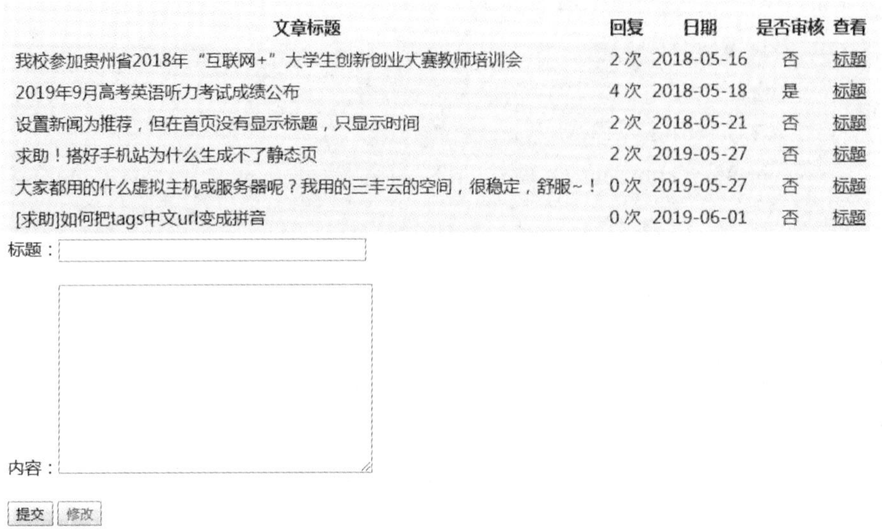

文章标题	回复	日期	是否审核	查看
我校参加贵州省2018年"互联网+"大学生创新创业大赛教师培训会	2次	2018-05-16	否	标题
2019年9月高考英语听力考试成绩公布	4次	2018-05-18	是	标题
设置新闻为推荐，但在首页没有显示标题，只显示时间	2次	2018-05-21	否	标题
求助！搭好手机站为什么生成不了静态页	2次	2019-05-27	否	标题
大家都用的什么虚拟主机或服务器呢？我用的三丰云的空间，很稳定，舒服~！	0次	2019-05-27	否	标题
[求助]如何把tags中文url变成拼音	0次	2019-06-01	否	标题

标题：[ ]

内容：[ ]

[提交] [修改]

图7.6 发布、修改留言

实现发布留言页面的步骤如下：

（1）在 loginadd. aspx 页面中分别添加 GridView、文本框（TextBox）和按钮（Button）控件，用来完成留言的显示、留言标题和内容的输入及提交功能。前端程序代码如下：

```
<table class="style1">
        <tr>
            <td>
                <asp：GridView ID="GridView1" runat="server" CaptionAlign=
"Bottom"
                    CellPadding="4" ForeColor="#333333" GridLines="None"
                    AutoGenerateColumns="false" OnRowDataBound="GridView1_
RowDataBound">
                    <RowStyle BackColor="#fffbd6" ForeColor="#333333" />
                    <Columns>
                        <asp：BoundField DataField="title" HeaderText="文章标
题" InsertVisible="false" ReadOnly="true" />
                        <asp：BoundField DataField="replycount" DataFormatString=
"{0}次" HeaderText="回复" />
```

<asp：BoundField DataField="savedate" HeaderText="日期" DataFormatString="{0：yyyy-MM-dd}"/>
<asp：BoundField DataField="sh" HeaderText="是否审核" ItemStyle-HorizontalAlign="Center"/>
<asp：HyperLinkField DataNavigateUrlFields="ID" DataNavigateUrlFormatString="view.aspx? ID={0}" HeaderText="查看" Target="_blank" Text="标题" />
</Columns>
</asp：GridView>
</td>
</tr>
</table>

标题：<asp：TextBox ID="TextBox1" runat="server" Width="289px"></asp：TextBox>

内容：<asp：TextBox ID="TextBox2" runat="server"
Height="167px" TextMode="MultiLine" Width="293px"></asp：TextBox>

<asp：Button ID="Button1" runat="server" onclick="Button1_Click" Text="提交" />
<asp：Button ID="Button2" runat="server" onclick="Button2_Click" Text="修改" />

后台程序代码如下：

```
public class qj; //定义公共类存放用户 id
{
    public static long userid；
}
protected void bind ()
{
    OleDbConnection conn1 = getconnection ();
    string sql = "select ID, title, replycount, savedate from article where userid="+ qj.userid；
    OleDbCommand mycmd = new OleDbCommand (sql, conn1);
    mycmd.Connection = conn1；
    conn1.Open ();
    OleDbDataReader dr；
    dr = mycmd.ExecuteReader ();
    GridView1.DataSource = dr；
    GridView1.DataKeyNames = new string [] { "ID" }；
    GridView1.DataBind ();
    dr.Dispose ();
```

```
        mycmd. Dispose ();
        conn1. Close ();
    }
    protected void Button1_Click (object sender, EventArgs e); //发布留言
    {
            OleDbConnection conn1 = getconnection ();
            string sql = " select ID from user1 where username ='" + Session
["username"] + "'";
            OleDbCommand mycmd = new OleDbCommand (sql, conn1);
            conn1. Open ();
            OleDbDataReader dr;
            dr = mycmd. ExecuteReader ();
            while (dr. Read ())
                qj. userid = dr. GetInt32 (0);
            conn1. Close ();
            mycmd. Dispose ();
            dr. Dispose ();
            string sql1 = " insert into article (userid, title, content, replycount,
sh, savedate, ip) values (" + qj. userid + ",'" + TextBox1. Text + "','" +
TextBox2. Text + "', 0, 0, now (),'" + Request. ServerVariables. Get (" REMOTE_
ADDR") . ToString () + "')";
            OleDbCommand cmd = new OleDbCommand (sql1, conn1);
            conn1. Open ();
            cmd. ExecuteNonQuery ();
            cmd. Dispose ();
            conn1. Close ();
            bind ();      //调用该方法显示添加的留言列表
            TextBox1. Text = "";
            TextBox2. Text = "";
    }
    protected void GridView1_RowDataBound (object sender, GridViewRowEventArgs e)
    //鼠标滑过颜色改变且是否审核显示是和否的方法，同时当鼠标点击记录时将记
录内容添加到文本框，从而可以完成修改留言
    {
            if (e. Row. RowType == DataControlRowType. DataRow)
            {
            e. Row. Attributes. Add ("onmouseover", "currentcolor=this. style. backgroundColor;
this. style. backgroundColor='#ff0000';");
            e. Row. Attributes. Add (" onmouseout", " this. style. backgroundColor =
```

```csharp
currentcolor;" );
                    OleDbConnection conn1 = getconnection ( );
                    string sql = " select content from article where title = '" + e. Row. Cells
[0] . Text+"'";
                    OleDbCommand mycmd = new OleDbCommand ( sql, conn1 );
                    mycmd. Connection = conn1;
                    conn1. Open ( );
                    OleDbDataReader dr;
                    dr = mycmd. ExecuteReader ( );
                    while ( dr. Read ( ) )
                        e. Row. Attributes. Add ( " onclick", " document. getElementById
('TextBox1') . value = '" + e. Row. Cells [0] . Text + "'; document. getElementById
('TextBox2') . value = '" + dr. GetString (0) + "'; document. getElementById ('Button1')
. disabled = 'enabled'; document. getElementById ('Button2') . disabled=false;" );
                    dr. Dispose ( );
                    mycmd. Dispose ( );
                    conn1. Close ( );
                }

            if ( e. Row. Cells [3] . Text = = "0" )
                e. Row. Cells [3] . Text = " 否";
            else if ( e. Row. Cells [3] . Text = = "1" )
                e. Row. Cells [3] . Text = " 是";
        }
        protected void Page_Load ( object sender, EventArgs e );  //页面加载时判断用户
是否登录, 判断这个页面是否是回传页, 以及控制按钮 Button 是否可用
        {
            if ( Session [ "username" ] = = null)
                Response. Redirect ( "login. aspx" );
            if ( ! IsPostBack)
                bind ( );
            Button2. Enabled = false;
        }
    protected void Button2_Click ( object sender, EventArgs e );  //留言的修改操作
        {
                    string sql = " update article set content = '" + TextBox2. Text+ "' where
title = '" + TextBox1. Text + "'";
                    OleDbConnection conn1 = getconnection ( );
                    OleDbCommand mycmd = new OleDbCommand ( sql, conn1 );
```

```
        conn1. Open （）;
        DialogResult i = MessageBox. Show（"您确定要修改该记录吗?"，"修
改确认"，MessageBoxButtons. OKCancel）;
            if （i == DialogResult. OK）
            {
                mycmd. ExecuteNonQuery （）;
            }
        mycmd. Dispose （）;
        conn1. Close （）;
        Button1. Enabled = true;
        Button2. Enabled = false;
        bind （）;
    }
```

问题讨论与思考：如果要设置已经审核过的留言不能修改，应如何实现。

7.5.6 删除、审核留言页面实现过程

管理员通过登录页面登录后就可以删除和审核留言。运行程序页面效果如图 7.7 所示：

文章标题	回复	日期	是否审核	编辑	审核	查看
我校参加贵州省2018年"互联网+"大学生创新创业大赛教师培训会	2 次	2018-05-16	否	删除	审核	标题
2019年9月高考英语听力考试成绩公布	4 次	2018-05-18	是	删除	审核	标题
设置新闻为推荐，但在首页没有显示标题，只显示时间	2 次	2018-05-21	否	删除	审核	标题
求助！搭好手机站为什么生成不了静态页	2 次	2019-05-27	否	删除	审核	标题
大家都用的什么虚拟主机或服务器呢？我用的三丰云的空间，很稳定，舒服~！	0 次	2019-05-27	否	删除	审核	标题
[求助]如何把tags中文url变成拼音	0 次	2019-06-01	否	删除	审核	标题

图 7.7 删除、审核留言

实现发布留言页面的步骤如下：

（1）在 listadmin. aspx 页面中添加 GridView 控件，用来完成留言删除和审核操作。
前端程序代码如下：

```
<table class="style1">
        <tr>
        <td>
            <asp: GridView ID="GridView1" runat="server" CaptionAlign=
"Bottom"
            CellPadding="4" ForeColor="#333333" GridLines=
"None"
                AutoGenerateColumns="false"        onrowdeleting=
"GridView1_RowDeleting" onrowcommand="GridView1_RowCommand"
                >
            <RowStyle BackColor="#fffbd6" ForeColor="#333333" />
```

```
                <Columns>
                    <asp：BoundField DataField="title" HeaderText="文章
标题" InsertVisible="false" ReadOnly="true" />
                        <asp：BoundField DataField="replycount" DataFormatString=
"｛0｝次" HeaderText="回复" />
                            <asp：BoundField DataField="savedate" HeaderText=
"日期" DataFormatString="｛0：yyyy-MM-dd｝"/>
                        <asp：BoundField DataField="sh" HeaderText="是否审
核" ItemStyle-HorizontalAlign="Center"/>
                        <asp：CommandField HeaderText="编辑" ShowDeleteButton=
"true" />
                        <asp：ButtonField HeaderText="审核" ButtonType=
"Button" Text="审核" CommandName="sh" />
                        <asp：HyperLinkField DataNavigateUrlFields="ID"
DataNavigateUrlFormatString="view.aspx?ID=｛0｝" HeaderText="查看" Target="_
blank" Text="标题" />
                </Columns>
            </asp：GridView>
        </td>
    </tr>
</table>
```

后台程序代码如下：

```
protected void bind（）；//按是否审核排序显示留言信息
    {
        OleDbConnection conn1 = getconnection（）；
        string sql = "select ID，title，replycount，savedate，sh from article order by
sh"；
        OleDbCommand mycmd = new OleDbCommand（sql，conn1）；
        mycmd.Connection = conn1；
        conn1.Open（）；
        OleDbDataReader dr；
        dr = mycmd.ExecuteReader（）；
        GridView1.DataSource = dr；
        GridView1.DataKeyNames = new string [ ]｛"ID"｝；
        GridView1.DataBind（）；
        dr.Dispose（）；
        mycmd.Dispose（）；
        conn1.Close（）；
    }
```

7 留言板管理系统

```
protected void Page_Load (object sender, EventArgs e)
    {
        if (Session ["username"] == null)
            Response. Redirect ("login. aspx");
        if (! IsPostBack)
            bind ();
    }
protected void GridView1_RowDeleting (object sender, GridViewDeleteEventArgs e); //
删除留言信息
    {
        int ID = Convert. ToInt32 (GridView1. DataKeys [e. RowIndex]. Value);
        string sql = "delete from article where ID=" + ID;
        OleDbConnection conn1 = getconnection ();
        OleDbCommand mycmd = new OleDbCommand (sql, conn1);
        conn1. Open ();
        DialogResult i = MessageBox. Show ("您确定要删除该记录吗?", "删除确
认", MessageBoxButtons. OKCancel);
        if (i == DialogResult. OK)
        {
            mycmd. ExecuteNonQuery ();
        }
        mycmd. Dispose ();
        conn1. Close ();
        bind ();
    }
protected void GridView1_RowCommand (object sender, GridViewCommandEventArgs
e); //审核留言信息
    {
        if (e. CommandName == "sh")
        {
            int ID = Convert. ToInt32 (GridView1. DataKeys [int. Parse
(e. CommandArgument. ToString ())]. Value. ToString ());
            string sql = "update article set sh='1' where ID=" + ID ;
            OleDbConnection conn1 = getconnection ();
            OleDbCommand mycmd = new OleDbCommand (sql, conn1);
            conn1. Open ();
            DialogResult i = MessageBox. Show ("您确定要审核该记录吗?", "审
核确认", MessageBoxButtons. OKCancel);
            if (i == DialogResult. OK)
```

```
            {
                mycmd. ExecuteNonQuery（）；
            }
            mycmd. Dispose（）；
            conn1. Close（）；
            bind（）；
        }
    }
```

7.5.7 民族管理页面实现过程

管理员可以通过民族管理页面进行添加、修改和删除民族。运行程序界面如图 7.8
所示：

民族编号	民族名称		
1	布依族	编辑	删除
3	汉族	编辑	删除
4	苗族	编辑	删除
5	彝族	编辑	删除
7	侗族	编辑	删除

民族名称：[   ]

[添加]

图 7.8 民族管理

实现民族管理页面的步骤如下：

（1）在 mz. aspx 页面中添加 GridView 控件，用来完成民族的显示、修改和删除操
作。再在页面中添加文本框（TextBox）和 Button 控件，用来完成民族的添加操作。

前端程序代码如下：

```
<table align = "center">
        <tr>
            <td style = "text-align：center">
                <asp：GridView ID = "GridView1" runat = "server" CaptionAlign =
"Bottom"

                CellPadding = "4" ForeColor = "#333333" GridLines = "Horizontal"
                AutoGenerateColumns = "false" onrowediting = "GridView1_RowEditing"
                onrowupdating = "GridView1_RowUpdating"
                onrowcancelingedit = "GridView1_RowCancelingEdit"
                onrowdeleting = "GridView1_RowDeleting">
                <RowStyle BackColor = "#fffbd6" ForeColor = "#333333" />
```

```
                    <Columns>
                        <asp：BoundField DataField="mzid" HeaderText="民族编号"
ReadOnly="true" />
                        <asp：BoundField DataField="mz" HeaderText="民族名称" />
                        <asp：CommandField ShowEditButton="true" />
                        <asp：CommandField ShowDeleteButton="true" />
                    </Columns>
                </asp：GridView>
            </td>
        </tr>
        <tr><td></td></tr>
        <tr><td>
            <asp：TextBox ID="TextBox1" runat="server"></asp：TextBox>
            </td>
        </tr>
        <tr><td>
            <asp：Button ID="Button1" runat="server" onclick="Button1_
Click" Text="添加" />
            </td></tr>
    </table>
```

后台程序代码如下：

```
protected void bind （）; //显示民族列表
    {
        OleDbConnection conn1 = getconnection （）;
        string sql = "select mzid, mz from mz";
        OleDbCommand mycmd = new OleDbCommand (sql, conn1);
        conn1. Open （）;
        OleDbDataReader dr;
        dr = mycmd. ExecuteReader （）;
        GridView1. DataSource = dr;
        GridView1. DataKeyNames = new string [] { "mzid" };
        GridView1. DataBind （）;
        dr. Dispose （）;
        mycmd. Dispose （）;
        conn1. Close （）;
    }
protected void Page_Load (object sender, EventArgs e); //页面加载时判断这个页面
```

是否是回传页，如果不是回传页则执行 bind（）

```
{
    if（! IsPostBack）
    {
        bind（）；
    }
}
```

当用户单击"编辑"按钮时，将触发 GridView 控件的 RowEditing 事件。在该事件的程序代码中将 GridView 控件编辑项索引设置为当前选择项的索引，并重新绑定数据。

程序代码如下：

protected void GridView1_RowEditing（object sender，GridViewEditEventArgs e）；// 定义按下编辑按钮时的动作

```
{
    GridView1. EditIndex = e. NewEditIndex；
    bind（）；
}
```

当用户单击"更新"按钮时，将触发 GridView 控件的 RowUpdating 事件。在该事件的程序代码中，系统首先获得编辑行的关键字段的值并取得各文本框中的值，然后将数据更新至数据库，最后重新绑定数据。

程序代码如下：

protected void GridView1_RowUpdating（object sender，GridViewUpdateEventArgs e）

```
{
    long  mzid = Convert. ToInt32（GridView1. DataKeys［e. RowIndex］. Value. ToString（））；
    string mz = （（System. Web. UI. WebControls. TextBox）（GridView1. Rows［e. RowIndex］. Cells［1］. Controls［0］））. Text. Trim（）；
    Response. Write（mzid）；
    Response. Write（mz）；
    string sql = "update mz set mz='" + mz + "' where mzid=" + mzid；
    OleDbConnection conn1 = getconnection（）；
    OleDbCommand mycmd = new OleDbCommand（sql，conn1）；
    conn1. Open（）；
    mycmd. ExecuteNonQuery（）；
    mycmd. Dispose（）；
    conn1. Close（）；
    GridView1. EditIndex = -1；
    bind（）；
}
```

当用户单击"取消"按钮时，将触发 GridView 控件的 RowCancelingEdit 事件。在

7 留言板管理系统

该事件的程序代码中,用户要将编辑项的索引设置为-1,并重新绑定数据。

程序代码如下:

```
protected void GridView1_RowCancelingEdit (object sender, GridViewCancelEditEventArgs e)
{
    GridView1. EditIndex = -1;
    bind ();
}
```

在 GridView 控件中删除数据,需要添加一个 CommandField 列并指明为"删除"按钮,单击该按钮时将触发 RowDeleting 事件。

程序代码如下:

```
protected void GridView1_RowDeleting (object sender, GridViewDeleteEventArgs e)
{
    string sql = "delete from mz where mzid =" + GridView1. DataKeys [e. RowIndex].
Value. ToString ();
    OleDbConnection conn1 = getconnection ();
    OleDbCommand mycmd = new OleDbCommand (sql, conn1);
    conn1. Open ();
    DialogResult i = MessageBox. Show ("您确定要删除该记录吗?", "删除确认",
MessageBoxButtons. OKCancel);
    if (i == DialogResult. OK)
    {
        mycmd. ExecuteNonQuery ();
    }
    mycmd. Dispose ();
    conn1. Close ();
    bind ();
}
```

当用户点击添加按钮时,将添加民族并显示在 GridView 控件中,同时将清除 TextBox 文本框中的内容。

```
protected void Button1_Click (object sender, EventArgs e)
{
    OleDbConnection conn1 = getconnection ();
    string sql = "insert into mz (mz) values ('" + TextBox1. Text + "')";
    OleDbCommand cmd = new OleDbCommand (sql, conn1);
    conn1. Open ();
    cmd. ExecuteNonQuery ();
    cmd. Dispose ();
    conn1. Close ();
    bind ();
```

```
        TextBox1. Text = " ";
}
```

7.5.8　职业管理页面实现过程

管理员可以通过职业管理页面添加、修改和删除职业。运行程序界面如图 7.9 所示：

职业编号	职业名称	编辑	编辑
1	教师	修改	删除
2	学生	修改	删除
3	公务员	修改	删除
4	厨师	修改	删除
5	程序员	修改	删除
6	1111	修改	删除
7	001	修改	删除

职业名称：[   ]

[添加]

图 7.9　职业管理

实现职业管理页面的步骤如下：

（1）用户在 zy. aspx 页面中添加 GridView 控件，用来完成职业的显示、修改和删除操作；再在页面中添加文本框（TextBox）和 Button 控件，用来完成职业的添加操作。

前端程序代码如下：

```
<table class = "style1" align = "center" >
        <tr>
            <td style = "text-align：center" >
                <asp：GridView Width = "300" ID = "GridView1" runat = "server"
CaptionAlign = "Bottom"
                CellPadding = "4" ForeColor = "#333333" GridLines = "Horizontal"
                AutoGenerateColumns = "false" onrowcommand = "GridView1_
RowCommand"
                onrowdeleting = "GridView1_RowDeleting" >
                <RowStyle BackColor = "#fffbd6" ForeColor = "#333333" />
                <Columns>
                    <asp：BoundField DataField = "zyid" HeaderText = "职业编号"
ReadOnly = "true" />
                    <asp：BoundField DataField = "zy" HeaderText = "职业名称"/>
                    <asp：ButtonField HeaderText = "编辑" ButtonType = "Button"
```

Text＝"修改" CommandName＝"xg" />
                    <asp：CommandField HeaderText＝"编辑" ShowDeleteButton＝
"true" />
             </Columns>
           </asp：GridView>
         </td>
       </tr>
       <tr>
         <td style＝"text-align：left">
          职业名称：<asp：TextBox ID＝"TextBox1" runat＝"server" Width＝
"162px"></asp：TextBox>

         </td>
       </tr>
       <tr>
         <td style＝"text-align：left">
          <asp：Button ID＝"Button1" runat＝"server" onclick＝"Button1_
Click" Text＝"添加" />
         </td>
       </tr>
     </table>
     后台程序代码如下：
     定义 bind（）方法，用来显示职业列表信息，程序代码如下：

```
protected void bind（）
    {
        OleDbConnection conn1 = getconnection（）;
        string sql = "select zyid，zy from zy";
        OleDbCommand mycmd = new OleDbCommand（sql，conn1）;
        conn1. Open（）;
        OleDbDataReader dr;
        dr = mycmd. ExecuteReader（）;
        GridView1. DataSource = dr;
        GridView1. DataKeyNames =new string［］｛"zyid"｝;
        GridView1. DataBind（）;
        dr. Dispose（）;
        mycmd. Dispose（）;
        conn1. Close（）;
    }
    protected void Page_Load（object sender，EventArgs e）;  //页面加载时判断这个页面
是否是回传页，如果不是回传页则执行 bind（）
        {
```

```
                  if (! IsPostBack)
                      {
                        bind ();
                      }
          }
```

定义一个公共类，用来存放点击 GridView 控件时回传的 zyid。

```
public class zyy
    {
        public static long id;
    }
```

定义 GridView 的 RowCommand 事件，当点击修改按钮时，把 GridView 控件中的值写入 TextBox 文本框中，同时把 Button 按钮的 Text 属性改为"修改"。程序代码如下：

```
protected void GridView1_RowCommand (object sender, GridViewCommandEventArgs e)
    {
        if (e. CommandName == "xg")
        {
            OleDbConnection conn1 = getconnection ();
            zyy. id = Convert. ToInt32 (GridView1. DataKeys [int. Parse (e. CommandArgument. ToString
() ) ] . Value. ToString () );
            string sql = "select zy from zy where zyid =" + zyy. id;
            OleDbCommand mycmd = new OleDbCommand (sql, conn1);
            conn1. Open ();
            OleDbDataReader dr;
            dr = mycmd. ExecuteReader ();
            while (dr. Read () )
                TextBox1. Text = dr. GetString (0);
            dr. Dispose ();
            mycmd. Dispose ();
            conn1. Close ();
            Button1. Text ="修改";
        }
    }
```

定义 Button 按钮的 Click 事件。当用户点击 Button 按钮时，交流会判断其 Text 属性是"添加"还是"修改"，从而确定是执行添加还是修改操作。程序代码如下：

```
protected void Button1_Click (object sender, EventArgs e)
    {
        OleDbConnection conn1 = getconnection ();
        if (Button1. Text == "添加")
        {
            string sql = "insert into zy (zy) values ('" + TextBox1. Text + "')";
```

```
        OleDbCommand mycmd = new OleDbCommand（sql，conn1）;
        conn1. Open（）;
        mycmd. ExecuteNonQuery（）;
        MessageBox. Show（"职业添加成功"）;
        conn1. Close（）;
        mycmd. Dispose（）;
        TextBox1. Text ="";
        bind（）;
      }
    else
      {
          string sql = "update zy set zy ='" + TextBox1. Text + "' where zyid ="
+ zyy. id;
        OleDbCommand mycmd = new OleDbCommand（sql，conn1）;
        conn1. Open（）;
        mycmd. ExecuteNonQuery（）;
        MessageBox. Show（"职业修改成功"）;
        conn1. Close（）;
        mycmd. Dispose（）;
        Button1. Text ="添加";
        TextBox1. Text ="";
        bind（）;
      }
  }
```

在 GridView 控件中删除数据，用户需要添加一个 CommandField 列并指明为"删除"按钮，单击该按钮时将触发 RowDeleting 事件，在执行删除时，将弹出一个对话框询问用户是否要删除，以免误操作删错数据。程序代码如下：

```
protected void GridView1_RowDeleting（object sender，GridViewDeleteEventArgs e）
  {
        zyy. id =Convert. ToInt32（GridView1. DataKeys［e. RowIndex］. Value. ToString
（））;
        string sql = "delete from zy where zyid =" + zyy. id;
        OleDbConnection conn1 = getconnection（）;
        OleDbCommand mycmd = new OleDbCommand（sql，conn1）;
        conn1. Open（）;
        DialogResult i = MessageBox. Show（"您确定要删除该记录吗?"，"删除确
认"，MessageBoxButtons. OKCancel）;
        if（i == DialogResult. OK）
          {
              mycmd. ExecuteNonQuery（）;
```

```
        }
    mycmd. Dispose（）；
    conn1. Close（）；
    bind（）；
    }
```

7.5.9 用户管理页面实现过程

管理员可以通过用户管理页面添加、修改和删除用户。程序运行界面如图 7.10
所示：

用户编号	用户名	姓名	用户权限		编辑
1	001	张三	0	修改	删除
3	003	李四	0	修改	删除
6	009	王二	0	修改	删除
7	006	张三	1	修改	删除
8	5	王五	0	修改	删除

```
用户名：[        ]
  密码：[        ]
  姓名：[        ]
用户权限：[        ]
身份证号码：[        ]
联系电话：[        ]
  职业：[        ]
  民族：[        ]
   [添加] [修改]
```

7.10 用户列表和添加用户界面

当用户点击修改链接时，系统将把该条信息内容赋值给相应的文本框，用户即可
通过修改按钮完成用户基本信息修改。程序运行界面如图 7.11 所示。

用户编号	用户名	姓名	用户权限		编辑
1	001	张三	0	修改	删除
3	003	李四	0	修改	删除
6	009	王二	0	修改	删除
7	006	张三	1	修改	删除
8	5	王五	0	修改	删除

```
用户名：[003     ]
  密码：[111111  ]
  姓名：[李四    ]
用户权限：[0       ]
身份证号码：[522321199602032103]
联系电话：[13985698547]
  职业：[1       ]
  民族：[1       ]
   [添加] [修改]
```

图 7.11 用户修改界面

用户点击删除按钮，会把该条用户信息删除，为防止该信息删除错误，系统在删
除时将询问用户是否执行删除操作。程序运行界面如图 7.12 所示。

用户编号	用户名	姓名	用户权限		编辑
1	001	张三	0	修改	删除
3	003	李四	0	修改	删除
6	009	王二	0	修改	删除
7	006	张三	1	修改	删除
8	5	王五	0	修改	删除

7.12　删除用户记录界面

实现用户管理页面的步骤如下：

（1）在 user. aspx 页面中添加 GridView 控件，用来完成职业的显示、修改和删除操作。再在页面中添加文本框（TextBox）和 Button 控件，用来完成职业的添加、修改操作。

前端代码如下：

```
<table class="style1" align="center">
        <tr>
          <td style="text-align：center">
            <asp：GridView Width="800" ID="GridView1" runat="server"
CaptionAlign="Bottom"
            CellPadding="4" ForeColor="#333333" GridLines="Horizontal"
              AutoGenerateColumns="false" onrowdatabound="GridView1_
RowDataBound"
            onrowdeleting="GridView1_RowDeleting">
            <RowStyle BackColor="#fffbd6" ForeColor="#333333" />
            <Columns>
              <asp：BoundField DataField="ID" HeaderText="用户编号"
ReadOnly="true" />
              <asp：BoundField DataField="Username" HeaderText="用户
名" />
            <asp：BoundField DataField="Xm" HeaderText="姓名" />
            <asp：BoundField DataField="Qx" HeaderText="用户权限" />
            <asp：ButtonField ButtonType="Link" Text="修改" />
              <asp：CommandField HeaderText="编辑" ShowDeleteButton=
"true" />
            </Columns>
```

```
                </asp：GridView>
              </td>
          </tr>
        </table>
        <table class="style1" align="center">
          <tr>
            <td style="text-align：right" width="40%">
              用户名：
            </td>
            <td style="text-align：left">
                <asp：TextBox ID="TextBox1" runat="server" Width="162px"></
asp：TextBox>
              </td>
          </tr>
          <tr>
            <td style="text-align：right" width="40%">
              密码：
            </td>
            <td style="text-align：left">
                <asp：TextBox ID="TextBox2" runat="server" Width="162px"></
asp：TextBox>
              </td>
          </tr>
        <tr>
          <td style="text-align：right" width="40%">
            姓名：
          </td>
          <td style="text-align：left">
            <asp：TextBox ID="TextBox3" runat="server" Width="162px"></asp：
TextBox>
          </td>
        </tr>
        <tr>
          <td style="text-align：right" width="40%">
            用户权限：
          </td>
          <td style="text-align：left">
            <asp：TextBox ID="TextBox4" runat="server" Width="162px"></asp：
TextBox>
```

```
                        </td>
                    </tr>
                    <tr>
                        <td style="text-align: right" width="40%">
                            身份证号码:
                        </td>
                        <td style="text-align: left">
                            <asp: TextBox ID="TextBox5" runat="server" Width="162px"></asp:
TextBox>
                        </td>
                    </tr>
```

```
                    <tr>
                        <td style="text-align: right" width="40%">
                            联系电话:
                        </td>
                        <td style="text-align: left">
                            <asp: TextBox ID="TextBox6" runat="server" Width="162px"></asp:
TextBox>
                        </td>
                    </tr>
                    <tr>
                        <td style="text-align: right" width="40%">
                            职业:
                        </td>
                        <td style="text-align: left">
                            <asp: TextBox ID="TextBox7" runat="server" Width="162px"></asp:
TextBox>
                        </td>
                    </tr>
                    <tr>
                        <td style="text-align: right" width="30%">
                            民族:
                        </td>
                        <td style="text-align: left">
                            <asp: TextBox ID="TextBox8" runat="server" Width="162px"></asp:
TextBox>
                        </td>
                    </tr>
                    <tr>
```

```
            <td style="text-align: left">
            </td>
            <td style="text-align: left">
                <asp: Button ID="Button2" runat="server" Text="添加" onclick=
"Button2_Click" />
                <asp: Button ID="Button3" runat="server" Text="修改" onclick=
"Button3_Click" />
            </td>
        </tr>
    </table>
```

后台程序代码如下:

```
protected void bind(); //显示用户列表
    {
        OleDbConnection conn1 = getconnection();
        string sql = "select ID, Username, Pwd, Xm, Qx, Sfz, Dh, Zyid, Mzid
from user1";
        OleDbCommand mycmd = new OleDbCommand(sql, conn1);
        conn1.Open();
        OleDbDataReader dr;
        dr = mycmd.ExecuteReader();
        GridView1.DataSource = dr;
        GridView1.DataKeyNames = new string[] { "ID" };
        GridView1.DataBind();
        dr.Dispose();
        mycmd.Dispose();
        conn1.Close();
    }
```

```
protected void Page_Load(object sender, EventArgs e); //页面加载时判断这个页面
是否是回传页，如果不是回传页则执行 bind()
    {
        if (! IsPostBack)
        {
            bind();
        }
    }
```

用户单击记录，将触发 GridView 控件的 GridView1_RowDataBound 事件，把选定记录的相应值反馈到相应文本框，从而方便用户完成修改操作。

程序代码如下:

```
protected void GridView1_RowDataBound(object sender, GridViewRowEventArgs e)
```

```
            }
            if（e. Row. RowType == DataControlRowType. DataRow）
            {
                OleDbConnection conn1 = getconnection（）;
                string sql = "select username, pwd, xm, qx, sfz, dh, zyid, mzid
from user1 where ID =" + e. Row. Cells［0］. Text;
                OleDbCommand mycmd = new OleDbCommand（sql, conn1）;
                mycmd. Connection = conn1;
                conn1. Open（）;
                OleDbDataReader dr;
                dr = mycmd. ExecuteReader（）;
                while（dr. Read（））
                    e. Row. Attributes. Add（"onclick", " document. getElementById
（'TextBox1'）. value ='" + dr. GetString（0）+ "'; document. getElementById
（'TextBox2'）. value ='" + dr. GetString（1）+ "'; document. getElementById
（'TextBox3'）. value ='" + dr. GetString（2）+ "'; document. getElementById
（'TextBox4'）. value =" + dr. GetInt32（3）+ "; document. getElementById（'TextBox5'）.
value ='" + dr. GetString（4）+ "'; document. getElementById（'TextBox6'）. value ='" +
dr. GetString（5）+ "'; document. getElementById（'TextBox7'）. value =" + dr. GetInt32
（6）+ "; document. getElementById（'TextBox8'）. value =" + dr. GetInt32（7）+ ";
document. getElementById（'Button2'）. disabled ='enabled'; document. getElementById
（'Button3'）. disabled =false;"）;
                dr. Dispose（）;
                mycmd. Dispose（）;
                conn1. Close（）;
            }
        }
```

当信息反馈到相应的文本框后，用户填报相应的修改信息，点击修改按钮即可完成信息的修改。

程序代码如下：

```
protected void Button3_Click（object sender, EventArgs e）
{
    string sql = " update user1 set pwd ='" + TextBox2. Text + "', xm ='" +
TextBox3. Text + "', qx = " + Convert. ToInt32（TextBox4. Text）+ ", sfz ='" +
TextBox5. Text + "', dh ='" + TextBox6. Text + "', zyid = " + Convert. ToInt32
（TextBox7. Text）+", mzid = " + Convert. ToInt32（TextBox8. Text）+" where username
='" + TextBox1. Text + "'";
    OleDbConnection conn1 = getconnection（）;
    OleDbCommand mycmd = new OleDbCommand（sql, conn1）;
```

```
        conn1. Open ();
        DialogResult i = MessageBox. Show ("您确定要修改该记录吗?","修改确认",
MessageBoxButtons. OKCancel);
        if (i == DialogResult. OK)
        {
            mycmd. ExecuteNonQuery ();
        }
        mycmd. Dispose ();
        conn1. Close ();
        bind ();
    }
```

用户在相应的文本框输入相应的记录信息后，点击添加按钮即可完成用户信息的添加。
程序代码如下:

```
protected void Button2_ Click (object sender, EventArgs e)
    {
        OleDbConnection conn1 = getconnection ();
        string sql = "insert into user1 (Username, Pwd, Xm, Qx, Sfz, Dh, Zyid,
Mzid) values (" + TextBox1. Text + "','" + TextBox2. Text + "','" + TextBox3. Text + "' ," +
Convert. ToInt32 (TextBox4. Text) +",'" + TextBox5. Text +"','" + TextBox6. Text +"'," +
Convert. ToInt32 (TextBox7. Text) +","+Convert. ToInt32 (TextBox8. Text) +")";
        OleDbCommand cmd = new OleDbCommand (sql, conn1);
        conn1. Open ();
        cmd. ExecuteNonQuery ();
        cmd. Dispose ();
        conn1. Close ();
        bind ();
    }
```

用户在 GridView 控件中删除数据，需要添加一个 CommandField 列并指明为"删除"按钮，单击该按钮时将触发 RowDeleting 事件。
程序代码如下:

```
protected void GridView1_ RowDeleting (object sender, GridViewDeleteEventArgs e)
    {
        int ID = Convert. ToInt32 (GridView1. DataKeys [e. RowIndex] . Value);
        string sql = "delete from user1 where ID =" + ID;
        OleDbConnection conn1 = getconnection ();
        OleDbCommand mycmd = new OleDbCommand (sql, conn1);
        conn1. Open ();
        DialogResult i = MessageBox. Show ("您确定要删除该记录吗?","删除确认",
MessageBoxButtons. OKCancel);
```

```
if (i = = DialogResult. OK)
{
    mycmd. ExecuteNonQuery （）;
}
mycmd. Dispose （）;
conn1. Close （）;
bind （）;
}
```

7.5.10 后台主体框架页面实现过程

为了方便管理员用户操作，后台设置了一个管理框架页面，页面运行效果如图 7.13 所示。

图 7.13 后台管理框架页面

后台管理框架页面主要是用框架来实现。实现的部分代码如下：

```
<body style = "background-color：#f2f9fd;">
<div class = "header bg-main">
  <div class = "logo margin-big-left fadein-top">
    <h1><img src = "/images/y. jpg" class = " radius-circle rotate-hover" height = "50"
alt = "" />留言管理信息系统</h1>
  </div>
  <div class = "head-l"><a class = "button button-little bg-green" href = "" target = "_
blank"><span class = "icon-home"></span>前台-首页</a>     <a href = "#
#" class = "button button-little bg-blue"><span class = "icon-wrench"></span>清除缓
存</a>     <a class = "button button-little bg-red" href = "login. aspx"><span
class = "icon-power-off"></span>退出登录</a></div>
```

```
</div>
<div class="leftnav">
    <div class="leftnav-title"><strong><span class="icon-list"></span>菜单列表</strong></div>
    <h2><span class="icon-user"></span>基本设置</h2>
    <ul style="display: block">
        <li><a href="zy.aspx" target="right"><span class="icon-caret-right"></span>职业管理</a></li>
        <li><a href="mz.aspx" target="right"><span class="icon-caret-right"></span>民族管理</a></li>
        <li><a href="listadmin.aspx" target="right"><span class="icon-caret-right"></span>留言管理</a></li>
        <li><a href="user.aspx" target="right"><span class="icon-caret-right"></span>用户管理</a></li>
    </ul>
</div>
<script type="text/javascript">
$(function() {
    $(".leftnav h2").click(function() {
        $(this).next().slideToggle(200);
        $(this).toggleClass("on");
    })
    $(".leftnav ul li a").click(function() {
        $("#a_leader_txt").text($(this).text());
        $(".leftnav ul li a").removeClass("on");
        $(this).addClass("on");
    })
});
</script>
<div class="admin">
    <iframe scrolling="auto" rameborder="0" src="listadmin.aspx" name="right" width="100%" height="100%"></iframe>
</div>
```

习题

1. 信息技术学院毕业（论文）设计管理系统的设计与实现。

毕业（论文）设计管理系统的总体要求如下（此要求为系统的最低要求）：

（1）总体业务流程。

毕业（论文）设计的管理流程如图 7.14 所示：

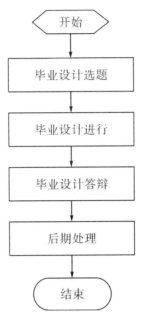

图 7.14　毕业设计管理流程

（2）系统功能模块图。

系统总体功能模块如图 7.15 所示：

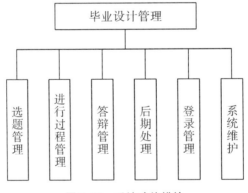

图 7.15　系统功能模块

（3）总体功能分类描述。

系统总体功能分类描述如表 7.8 所示：

表 7.8　总体功能分类描述

功能类别/标识符	目标描述
选题管理	完成教师立题、学生选题的双向选择过程。最终达到每人一题
进行过程管理	完成教师与学生交流、中期检查、教师与学生互评过程

功能类别/标识符	目标描述
答辩管理	完成答辩准备工作，提交答辩结果
后期处理	完成收集、上报材料，统计成绩，评优过程
登录管理	提供用户登录验证及用户权限查询的功能
系统维护	系统维护包括身份管理、流程管理和数据维护三个子功能块

7　留言板管理系统

8 | bootstrap 框架的使用

8.1 文件目录结构

本章将前面所讲的职业管理（职业的浏览、添加、修改、删除）用 bootstrap 框架实现，实现的目录结构如图 8.1 所示：

图 8.1 目录结构

8.2 运行窗口

运行首页，用户可以浏览数据库中的职业列表，浏览记录页面如图 8.2 所示：

图 8.2　职业浏览页面

当用户点击新增按钮时，系统会弹出新增记录窗口，运行界面如图 8.3 所示：

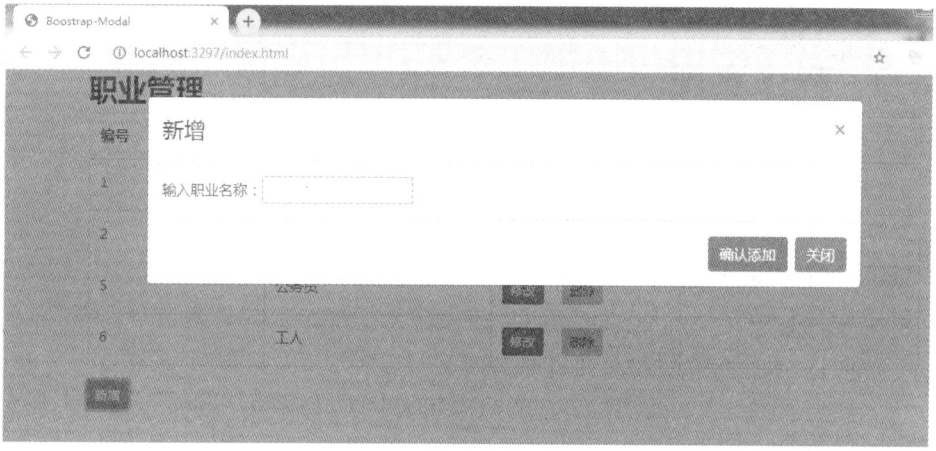

图 8.3　新增记录窗口

当用户点击修改按钮时，系统会弹出修改记录窗口，运行界面如图 8.4 所示：

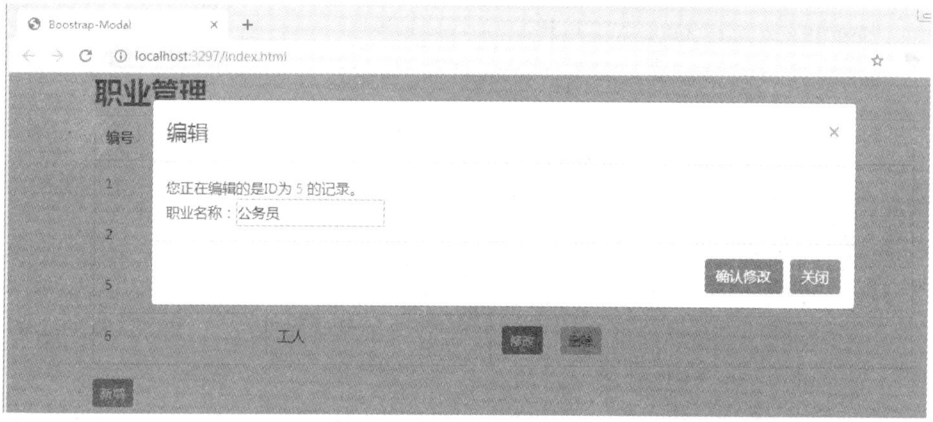

图 8.4　修改记录窗口

当用户点击删除按钮时，系统会弹出删除记录对话框，运行界面如图 8.5 所示：

图 8.5　删除记录对话框

8.3　程序实现

（1）Index. html 页面代码如下：

```
<! DOCTYPE html>
<html lang = "zh-cn">
<head>
    <meta charset = "UTF-8">
    <meta name = "viewport" content = "width = device-width, initial-scale = 1. 0">
    <meta http-equiv = "X-UA-Compatible" content = "ie = edge">
    <title>Boostrap-Modal</title>
    <link rel = "stylesheet" href = "css/bootstrap. min. css">
    <script src = "js/jquery. min. js"></script>
    <script src = "js/bootstrap. min. js"></script>
    <script src = "js/index. js"></script>
</head>

<body>
    <! --主窗体内容 -->
    <div class = "container">
        <! --功能标题行 -->
        <div class = "row">
            <div class = "col-12">
                <h2 class = "font-weight-bold">职业管理</h2>
            </div>
```

```
        </div>
        <!--功能标题行 结束-->


        <!--主窗体数据表格 -->
        <div class="row">
            <div class="col-12">
                <table class="table table-hover table-bordered">
                    <thead>
                        <tr>
                            <th>编号</th>
                            <th>名称</th>
                            <th>编辑</th>
                        </tr>
                    </thead>
                    <tbody id="t_data">

                    </tbody>
                </table>
                <button class="btn btn-sm btn-success" data-toggle="modal"
data-target="#add">新增</button>
            </div>
        </div>
        <!--主窗体数据表格 结束-->
    </div>


    <!--编辑模态框 -->
    <div class="modal fade" id="edit">
        <div class="modal-dialog" style="max-width：800px;">
            <div class="modal-content">
                <div class="modal-header">
                    <h4 class="modal-title">编辑</h4>
                        <button type="button" class="close" data-dismiss=
"modal">&times;</button>
                </div>
                <div class="modal-body">
    您正在编辑的是 ID 为 <span class="text text-danger" id="editId"></span> 的
记录。
                    <div>
    职业名称：<input type="text" id="zy_name"/>
```

```
                    </div>
                </div>
                <div class = "modal-footer" >
                    <button type = "button" id = "editok" class = "btn btn-danger"
data-dismiss = "modal" >确认修改</button>
                        <button type = "button" class = "btn btn-secondary" data-
dismiss = "modal" >关闭</button>
                </div>
            </div>
        </div>
    </div>
    <!--编辑模态框 结束-->


    <!--删除模态框 -->
    <div class = "modal fade" id = "del" >
        <div class = "modal-dialog" >
            <div class = "modal-content" >
                <div class = "modal-header" >
                    <h4 class = "modal-title" >删除</h4>
                        <button type = "button" class = "close" data-dismiss =
"modal" >&times; </button>
                </div>
                <div class = "modal-body" >
        您正在删除的是 ID 为 <span class = "text text-danger" id = "delId" ></span> 的记录。
                </div>
                <div class = "modal-footer" >
                    <button type = "button" id = "delok" class = "btn btn-danger"
data-dismiss = "modal" >确认删除</button>
                        <button type = "button" class = "btn btn-secondary" data-
dismiss = "modal" >关闭</button>
                </div>
            </div>
        </div>
    </div>
    <!--删除模态框 结束-->


    <!--新增模态框 -->
    <div class = "modal fade" id = "add" >
        <div class = "modal-dialog" style = "max-width：800px；" >
```

```html
            <div class="modal-content">
                <div class="modal-header">
                    <h4 class="modal-title">新增</h4>
                        <button type="button" class="close" data-dismiss=
"modal">&times;</button>
                </div>
                <div class="modal-body">
        输入职业名称: <input type="text" id="add_zy_name" />
                </div>
                <div class="modal-footer">
                    <button type="button" id="addok" class="btn btn-danger"
data-dismiss="modal">确认添加</button>
                        <button type="button" class="btn btn-secondary" data-
dismiss="modal">关闭</button>
                </div>
            </div>
        </div>
    </div>
    <!--新增模态框 结束-->
</body>
</html>
```

（2）Web. config 连接数据库代码。

```xml
<appSettings>
    <add key="CONN" value="Provider=Microsoft.ACE.OLEDB.12.0; Data
Source="/>
    <add key="dbPath" value="~/demo.accdb"/>
    <add key="ValidationSettings: UnobtrusiveValidationMode" value="None"/>
</appSettings>
```

（3）Index. js 页面代码。

```javascript
$(function(){
    $.ajax({
        type: "GET",
        url: "../api/crud.ashx",
        data: {action:"selectAll"},
        dataType: "json",
        success: function(res){
            console.log(res.code)
            if(res.code == 200){
                var str;
```

```
                    for (i in res.data) {
                        str += '<tr><td>' + res.data [i].zy_id + '</td><td>' +
res.data [i].zy_name + '</td><td><button class = "btn btn-smbtn-primary" data-
toggle = "modal" data-target = "#edit" onclick = "getEditId ('+ res.data [i].zy_id + ')">
修改</button>   <button class = "btn btn-sm btn-warning" data-toggle = "modal"
data-target = "#del"    onclick = "getDelId ('+ res.data [i].zy_id + ')">删除</
button></td></tr>';
                    }
                    $ ("#t_data").html (str);
                }
            }
        });


        //确认修改数据
        $ ("#editok").click (function () {
            $.ajax ({
                type: "POST",
                url: "../api/crud.ashx",
                data: { action: "edit", id: $ ("#editId").text (), zy_name:
$ ("#zy_name").val () },
                dataType: "json",
                success: function (res) {
                    console.log (res.code)
                    if (res.code == 200) {
                        alert ("修改成功");
                        // location.reload ();
                    }
                }
            });
        })


        //确认删除数据
        $ ("#delok").click (function () {
            $.ajax ({
                type: "POST",
                url: "../api/crud.ashx",
                data: { action: "del", id: $ ("#delId").text () },
                dataType: "json",
                success: function (res) {
```

```
                console. log（res. code）
                if（res. code ＝＝ 200）｛
                    alert（"修改成功"）；
                    location. reload（）；
                ｝
            ｝
        ｝）；
    ｝）

    //添加信息
    $（"#addok"）. click（function（）｛
        $. ajax（｛
            type：" POST"，
            url：".. /api/crud. ashx"，
            data：｛ action：" add"，zy_name：$（"#add_zy_name"）. val（）｝，
            dataType：" json"，
            success：function（res）｛
                console. log（res. code）
                if（res. code ＝＝ 200）｛
                    alert（"添加成功"）；
                    location. reload（）；
                ｝
            ｝
        ｝）；
    ｝）

｝）

//将当前编辑记录的 id 传递到弹窗
function getEditId（id）｛
    tempId＝parseInt（id）；
    document. getElementById（"editId"）. innerHTML = tempId；

    $. ajax（｛
        type：" GET"，
        url：".. /api/crud. ashx"，
        data：｛ action：" read"，id：tempId｝，
        dataType：" json"，
        success：function（res）｛
```

```
                    console. log （res）
                    $ （"#zy_name"）. val （res. data ［0］. zy_name）;
                }
            } ）;
        }
```

```
    function getDelId （id） {
        tempId=parseInt （id）;
        document. getElementById （"delId"）. innerHTML=tempId;
    }
```

```
public class ConnectDB    /// ConnectDB 连接数据库
{
    public static OleDbConnection ConnectDb （）
    {
        string mystr ＝ System. Configuration. ConfigurationManager. AppSettings
［"CONN"］. ToString （ ） ＋ System. Web. HttpContext. Current. Server. MapPath
（ConfigurationManager. AppSettings ［"dbPath"］ ＋ "；"）;
        OleDbConnection conn ＝ new OleDbConnection （mystr）;
        return conn;
    }
}

public class ToJSON
{
    //将 DataTable 转换为 JSON 型数据
    public static string DataTalbeToJSON （DataTable dt）
    {
        System. Text. StringBuilder jsonBuilder ＝ new StringBuilder （）;
        jsonBuilder. Append （"［"）;
        for （int i ＝ 0; i < dt. Rows. Count; i++）
        {
            jsonBuilder. Append （"{"）;
            for （int j ＝ 0; j < dt. Columns. Count; j++）
            {
                jsonBuilder. Append （" \ ""）;
                jsonBuilder. Append （dt. Columns ［j］. ColumnName）;
                jsonBuilder. Append （" \ ": \ ""）;
                jsonBuilder. Append （dt. Rows ［i］ ［j］. ToString （））;
```

ASP. NET Web 应用系统开发（C#）

```
                jsonBuilder. Append（" \ "，"）;
            }
            jsonBuilder. Remove（jsonBuilder. Length － 1，1）;
            jsonBuilder. Append（" } ，"）;
        }
        if（dt. Rows. Count > 0）
        {
            jsonBuilder. Remove（jsonBuilder. Length － 1，1）;
        }
        jsonBuilder. Append（" ] "）;
        return jsonBuilder. ToString（）;
    }
    //定义数据统一返回格式
    public static string ReturnData（int code，string msg，string data）
    {
        string str = " { \ "code \ "："+ code + "，\ "msg \ "：\ "" + msg + "
\ "，" + " \ "data \ "：" + data + "}";
        return str;
    }
}
```

<h1 style="text-align:center">习题</h1>

利用 bootstrap 框架+js+C#实现留言的回复。

参考文献

［1］明日科技 . C#从入门到精通［M］. 4 版 . 北京:清华大学出版社,2008.

［2］嵇健红,言海燕 . 基于 C#的 ASP. NET 程序设计［M］. 3 版 . 北京:机械工业出版社,2017.

［3］沈大林,等 . ASP. NET 语言程序设计案例教程［M］. 北京:中国铁道出版社,2007.

［4］赵丙秀,等 . Bootstrap 基础教程［M］. 北京:人民邮电出版社,2018.

［5］JON DUCKETT. JavaScript & jQuery 交互式 Web 前端开发［M］. 杜伟,柴晓伟,涂曙光,译 . 北京:清华大学出版社,2015.